工伤预防教育

佟瑞鹏　刘辉霞　主编

图书在版编目（CIP）数据

工伤预防教育 / 佟瑞鹏，刘辉霞主编 . -- 北京：中国劳动社会保障出版社，2024. -- ISBN 978-7-5167-6388-9

Ⅰ. X928

中国国家版本馆 CIP 数据核字第 2024TD7233 号

中国劳动社会保障出版社出版发行

（北京市惠新东街 1 号 邮政编码：100029）

*

保定市中画美凯印刷有限公司印刷装订 新华书店经销

787 毫米 ×1092 毫米 16 开本 12.75 印张 210 千字

2024 年 6 月第 1 版 2024 年 6 月第 1 次印刷

定价：25.00 元

营销中心电话：400-606-6496

出版社网址：http://www.class.com.cn

http://jg.class.com.cn

前言

工伤预防工作是社会保障、工伤保险的重要组成部分。近年来，党中央、国务院高度重视工伤预防工作。《人力资源社会保障部 工业和信息化部 财政部 住房城乡建设部 交通运输部 国家卫生健康委员会 应急管理部 中华全国总工会 关于印发工伤预防五年行动计划（2021—2025）的通知》指出，技工院校要全面开设工伤预防课程，将安全生产、职业病防治与工伤预防的政策法规、安全生产事故与工伤事故防范知识、工伤事故与职业病警示教育等内容作为工伤预防培训必修内容。

为贯彻落实国家有关工伤预防教育和培训的文件精神，我们组织编写了《工伤预防教育》教材。本书主要内容包括工伤预防基础知识、常见事故工伤预防、典型职业病防治、现场急救与应急避险、工伤认定与待遇申领等，采用理论知识与操作技能相结合的方式，设置了

“专家提示”“拓展阅读”“案例分析”“知识巩固”等栏目，内容丰富、层次清楚，所写知识典型性、通用性强，文字通俗易懂，版式设计新颖活泼。

本书为全国技工院校学生工伤预防教育教材，也可用于各类工伤预防培训，旨在普及工伤预防知识，提高读者工伤预防的意识和技能，以期在实际工作中减少工伤事故的发生，保障劳动者的安全与健康。

本书由佟瑞鹏、刘辉霞组织编写并担任主编，并由佟瑞鹏负责统稿。由于水平有限，书中难免有疏漏和不妥之处，敬请广大师生在使用过程中提出宝贵意见，以便我们今后加以改进。请将相关意见和建议反馈至邮箱：ggk@class.com.cn。

目 录

第三章　典型职业病防治／085

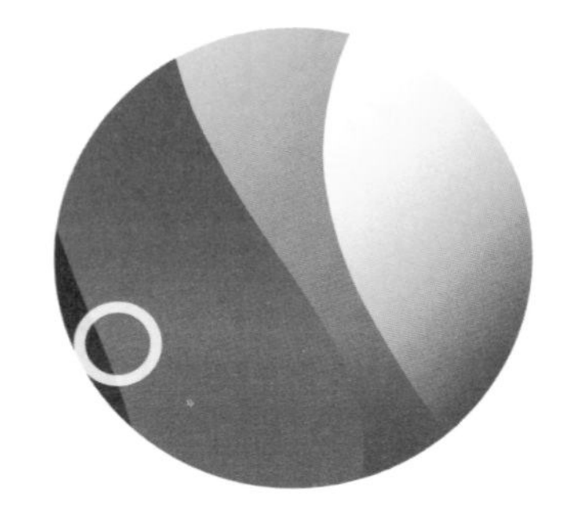

第四章　现场急救与应急避险／121

第五章　工伤认定与待遇申领／181

第一章 工伤预防基础知识

预防的要义，在于“事先防范”。工伤预防是企业安全工作的一项重要内容，只有做好工伤预防，才能从根本上保障职工的生命安全与身体健康，才能有利于企业发展，进而促进社会和谐稳定。

第1节 工伤保险与工伤预防

学习目标

- 掌握工伤、工伤保险、工伤预防的概念。
- 了解工伤保险的特征和基本原则。
- 熟悉职工工伤预防中的权利与义务。

一、工伤保险

一起工伤事故有可能摧毁一个职工乃至一个家庭的幸福，工伤保险作为社会保障的劳动安全网，为职工权益兜底，为企业保驾护航，对维护社会和谐稳定起到积极作用。

1. 工伤的概念

工伤是指职工因工作遭受事故伤害或患职业病。这里的“事故伤害”是指职工在工作过程中因安全生产事故导致的伤亡。“职业病”是指职工在工作过程中，因接触粉尘、放射性物质和其他有毒、有害物质等因素引起的疾病。

拓展阅读

“工伤”也称“职业伤害”“工作伤害”“雇用伤害”，各国的概念不尽相同。

第 13 次国际劳动统计会议所使用的定义是：雇用事故是指由雇用引起或在雇用过程中发生的事故（工业事故和上下班事故）。雇用伤害指由雇用事故导致的所有伤害和所有职业病。

2. 工伤保险的概念

工伤保险是社会保险制度中的重要组成部分，是指国家立法实施的，通过用人单位缴费筹资形式建立基金，对职工因工作原因遭受事故伤害或者患职业病的，给予职工及其近亲属相应待遇的一项社会保险制度。

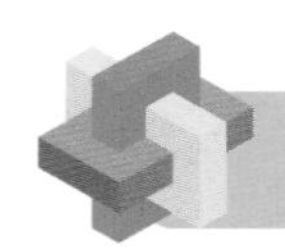

专家提示

《工伤保险条例》规定，我国实行工伤保险的目的是：保障因工作遭受事故伤害或者患职业病的职工获得医疗救治和经济补偿，促进工伤预防和职业康复。

3. 工伤保险的特征

工伤保险具有补偿与保障的性质，缴费由用人单位负责，职工个人不缴费。工伤保险具有待遇优厚、保险内容全面、保险服务周到的明显特征。

（1）工伤保险与其他社会保险制度相同的特征。第一，它是强制性的，意味着国家立法要求用人单位和职工必须参加。第二，工伤保险是非营利性的，是职工应该享受的基本权利。国家施行工伤保险的目的在于为职工谋福利，提供的所有服务都不以营利为目的。第三，工伤保险具有保障性，它确保职工在发生工伤事故或患职业病后，给予职工或其近亲属工伤待遇，保障其生活。第四，工伤保险具有互助互济性，通过强制征收工伤保险费，建立工伤保险基金，由社会保险机构在人员、地区和行业之间进行再分配，调剂使用基金，以实现相互帮助和支持的目的。

（2）工伤保险不同于其他社会保险制度的特征。工伤保险与其他社会保险制度相比有一些显著不同的特征。第一，工伤保险具有补偿性，这是与其他社会保险制度不同的重要特点。在大多数国家，工伤保险费用通常由用人单位全额承担，职工个人不需要缴纳费用。第二，工伤保险具有事故预防与职业康复性。现代工伤保险不再局限于对工伤职工提供补偿，而是将工伤补偿、工伤康复和工伤预防紧密结合，以更好地维护职工权益、促进社会稳定，并保护和促进生产力的发展。

拓展阅读

根据国际社会保障协会（ISSA）2000年的统计资料，在全球近200个国家（包括地区，下同）中，有172个国家建立了社会保障制度。其中，建立了工伤保险项目的有164个，其他的30多个国家也有与工伤事故方面相关的立法。

4. 工伤保险的基本原则

目前，世界上大多数国家在施行工伤保险制度时，普遍遵循的主要原则有以下8项。

（1）补偿不究过失原则（又称无责任补偿原则）。职工受伤后，无论责任在谁，工伤职工都可以得到经济补偿，以保障他们的基本生活。但这并不妨碍有关部门对企业事故责任人进行追究，以防止类似事故再次发生。

（2）职工个人不缴费原则。工伤保险费由企业或雇主缴纳，职工个人不缴费，这是工伤保险与养老保险、医疗保险等其他社会保险项目的区别之处。

（3）风险分担、互助互济原则。通过立法强制征收保险费，建立工伤保险基金，采取互助互济的方式，分散风险，减轻一些企业和行业因工伤事故或职业病所带来的负担，从而缓解社会矛盾。

（4）保障与赔偿相结合原则。当职工在暂时或永久地丧失劳动能力时，工伤保险会提供必要的物质支持，确保他们能够维持基本的生活，从而保障劳动力的再生产和社会的稳定运行。

（5）补偿与预防、康复相结合原则。工伤补偿、工伤预防与工伤康复三者是密切相连的。工伤预防是最基本的，各国政府都致力于采取各项措施，减少或消灭事故。工伤事故发生后，应立即对受伤害者予以医治并给予经济补偿，使受伤害者能够得到及时的救治，同时使其（或其家庭）生活得到一定的保障。随后，及时地对受伤害者进行医学康复及职业康复，使其尽可能恢复全部或部分劳动能力，能够自食其力。

（6）区别“因工”和“非因工”原则。工伤保险制度明确进行了“因工”与“非因工”所致伤害的界定。工伤保险提供的医治、医疗康复、伤残补偿、死亡抚恤等待遇通常比其他社会保险高。只要受伤是“因工”造成的，待遇就不受年龄、性别、缴费期限等限制。而“因病”或“非因工”伤亡则与职业因素无关，对这种情况的补偿待遇在许多国家通常比工伤待遇低得多。

（7）一次性补偿与长期补偿相结合原则。对“因工”部分或完全永久性丧失劳动能力的职工或是因工死亡的职工，受伤害职工或遗属在得到补偿时，工伤保险机构一般有一次性支付补偿金项目。此外，对一些伤残者及工亡职工所供养的遗属，有长期支付项目，直到其失去供养条件为止。这种补偿原则，已为世界上越来越多的国家所接受。

（8）确定伤残和职业病等级原则。工伤保险待遇是根据伤残和职业病等级而分类确定的。各国在制定工伤保险制度时，都制定了伤残和职业病等级，并通过专门的鉴定机构和人员，对受职业伤害职工的受伤害程度予以确定，区别不同伤残和职业病状况，给予不同标准的待遇。

二、工伤预防

工伤保险制度的功能是“预防、康复、补偿”，其中预防优先已成为惯例。将工伤预防工作摆在工伤保险首位，从源头上降低工伤事故发生率，将工伤保险的重心由“事后赔偿”向“提前预防”转变，这使得预防与救治协同发挥作用。

1. 工伤预防的概念

工伤预防就是采取包括经济、管理和技术等方面的措施，以期从源头上减少和避免事故和职业病的发生，最终实现“零工伤”的目标。工伤预防对于促进安全生产、保护职工的安全健康至关重要。

拓展阅读

工伤预防法规制度的完善

随着我国立法水平不断提高，工伤预防制度也日趋完善。2017年8月17日，根据《工伤保险条例》规定，人力资源社会保障部会同财政部、卫生计生委、安全监管总局制定、印发了《工伤预防费使用管理暂行办法》，自2017年9月1日起施行。该办法将工伤预防制度和理念提高到了新高度，以部门规章的形式体现。

2020年12月印发的《人力资源社会保障部 工业和信息化部 财政部 住房城乡建设部 交通运输部 国家卫生健康委员会 应急管理部 中华全国总工会 关于印发工伤预防五年行动计划（2021—2025）的通知》对2021—2025年工伤预防工作提出了总体要求和主要任务，并且确立了三大工作目标："工伤事故率明显下降，重点行业5年降低20%左右；工作场所劳动条件不断改善，切实降低尘肺病等职业病的发病率；工伤预防意识和能力明显提升，实现'要我预防'到'我要预防''我会预防'的转变。"

2. 工伤预防的作用

有研究表明，98% 以上的工伤事故可以通过安全生产管理和技术手段避免。因此，加强工伤预防工作十分重要：第一，做好工伤预防可以防止工伤事故和职业病的发生，有效保障职工的安全健康；第二，工伤预防的良好实施可以减少物质财富损失和工伤保险基金的支出，从而降低社会总体经济损失；第三，做好工伤预防不仅有利于企业的发展，保障生产经营，还有助于促进社会的稳定。

3. 职工工伤预防的权利与义务

（1）职工工伤预防权利

1）有权要求用人单位依法参加工伤保险，缴纳工伤保险费。

2）有权了解作业场所和工作岗位存在的危险和有害因素、事故防范和应急措施。

3）有权获得保障自身安全、健康的劳动条件和劳动防护用品。

4）有权对用人单位管理人员违章指挥、强令冒险作业予以拒绝。

5）有权在直接危及人身安全的紧急情况下（对生命安全和身体健康造成直接的重大威胁）停止作业和紧急撤离。

6）有权对用人单位危害生命安全和身体健康的行为提出批评、检举和控告。

7）作业环境存在职业病危害因素的职工有权获得职业健康检查。

（2）职工工伤预防义务

1）有义务接受事故预防和职业病防治的教育和培训，掌握工伤预防知识，提高工伤预防技能，增强应急处理能力。

2）有义务遵守用人单位劳动纪律、安全生产规章制度和操作规章，听从指挥，服从管理。

3）有义务在发现事故隐患和不安全因素时，及时报告。

4）有义务正确佩戴和使用劳动防护用品。

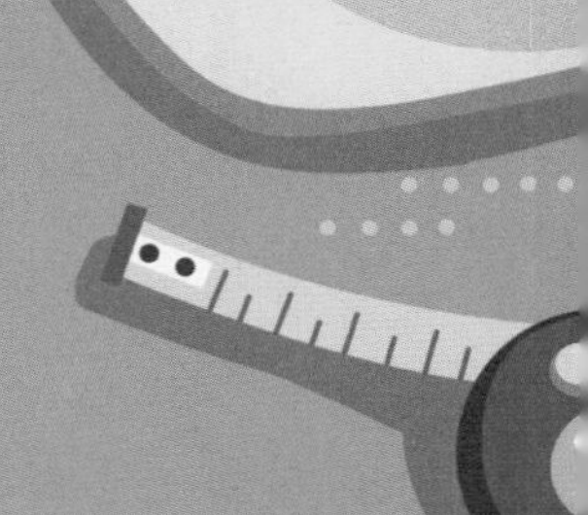

第2节 作业安全通用知识

学习目标

- 掌握全员安全生产责任制、安全生产教育和培训、安全检查、作业安全行为、劳动防护用品的概念。
- 熟悉安全生产教育和培训、安全检查的主要内容，以及安全标志的类型。
- 了解职业心理健康的概念和标准。

一、全员安全生产责任制

1. 全员安全生产责任制的概念

全员安全生产责任制是指生产经营单位根据安全生产法律法规和相关标准要求，在生产经营活动中，根据企业岗位的性质特点和具体工作内容，明确所有层级、各类岗位从业人员的安全生产责任，通过加强教育培训、强化管理考核和严格奖惩等方式，建立起安全生产工作“层层负责、人人有责、各负其责”的工作体系。

2. 建立全员安全生产责任制的要求

全员安全生产责任制应由生产经营单位的主要负责人负责建立健全并落实。建立的全员安全生产责任制应满足以下 4 项要求。

（1）必须符合国家安全生产法律、行政法规和国家标准或者行业标准。

（2）与生产经营单位管理制度协调一致。

（3）应当明确各岗位的责任人员、责任范围和考核标准等内容。

（4）应当建立相应的机制，加强监督考核以保证落实。

二、安全生产教育和培训

1. 安全生产教育和培训的概念

安全教育和培训是有计划、有组织地向生产经营单位的从业人员和进入生产现场的外来人员传授安全生产相关知识、技能，帮助其形成安全意识，以提高其安全素质，保障其安全健康的系列活动。

2. 安全生产教育和培训的主要内容

生产经营单位从业人员安全生产教育和培训的主要内容包括安全生产规章制度、安全操作规程、本岗位的安全操作技能、事故应急处理措施、安全生产方面的权利和义务等。

3. 安全生产教育和培训的功能

（1）增强个人防护能力。通过安全生产教育和培训，个人可以学习到应对各种紧急情况和危险环境的知识和技能，提高自我防护和自救的能力，确保个人安全。

（2）促进个人职业发展。一些职业在安全生产方面要求较高，通过参加安全生产教育和培训，个人可以获得相关的资格和认证，提升自身竞争力，拓宽职业发展的平台。

（3）培养个人安全意识和责任感。安全生产教育和培训有助于培养个人的安全意识和责任感，使个人在生活和工作中更加注重安全，遵守安全生产规章制度，规避事故风险。

三、安全检查

1. 安全检查的概念

安全检查是指对生产经营可能存在的隐患、危险有害因素、缺陷等进行检查，以确定它们的存在状态，以及它们转化为事故的条件，以便制定整改措施，从而消除隐患、危险有害因素和缺陷。

2. 安全检查的主要内容

（1）安全生产规章制度是否健全、完善。

（2）安全设备、设施是否处于正常的运行状态。

（3）从业人员是否具备应有的安全生产知识和操作技能。

（4）从业人员是否严格遵守安全生产规章制度和操作规程。

（5）从业人员劳动防护用品是否符合标准。

（6）是否有其他事故隐患。

四、作业安全行为

1. 作业安全行为的概念

作业安全行为是相对于作业不安全行为而言的。作业安全行为是指做事情时安全可靠，不会带来危险。而作业不安全行为则是指在做事情时，违反了规定，采取了有可能带来危险的行为方式。

2. 作业安全行为的重要性

（1）保护从业人员的安全。作业安全行为的核心作用是确保从业人员的人身安全，避免在工作环境中出现不稳定性和不确定性，从而有效预防事故的发生。

（2）提高工作效率。合理且规范的作业安全行为有助于维护工作环境的秩序，减少因生产安全事故导致的停工时间损失，进而提升整体工作效率。

（3）形成安全文化。作业安全行为的要求及其执行可以为全体从业人员提供一个标准化和指导性的安全文化建设框架，激发从业人员的自我保护意识，形成全员参与的安全文化氛围。

五、劳动防护用品

劳动防护用品是指由用人单位为劳动者配备的，使其在劳动过程中免遭或者减轻事故伤害及职业病危害的个体防护装备。劳动防护用品可分为专用防护用品（也称特种防护用品）和通用防护用品（也称一般防护用品）。

拓展阅读

《用人单位劳动防护用品管理规范》第四条规定："劳动防护用品是由用人单位提供的，保障劳动者安全与健康的辅助性、预防性措施，不得以劳动防护用品替代工程防护设施和其他技术、管理措施。"

六、安全标志

1. 安全标志的概念

安全标志是用来表达特定安全信息的标志，由图形符号、安全色、几何形状（边框）或文字构成。安全标志向人们警示工作场所或周围环境的危险状况，指导人们采取合理的行为。

2. 安全标志的类型

安全标志分为禁止标志、警告标志、指令标志和提示标志 4 类。

（1）禁止标志是禁止人们不安全行为的图形标志。其基本形式为带斜杠的圆边框。圆环和斜杠为红色，图形符号为黑色，衬底为白色。

（2）警告标志是提醒人们对周围环境引起注意，以避免可能发生危险的图形标志。其基本形式是正三角形边框。三角形边框及图形为黑色，衬底为黄色。

（3）指令标志是强制人们必须做出某种动作或采用防范措施的图形标志。其基本形式是圆形边框。图形符号为白色，衬底为蓝色。

（4）提示标志是向人们提供某种信息（如标明安全设施或场所等）的图形标志。其基本形式是正方形边框。图形符号为白色，衬底为绿色。

禁止吸烟　注意安全

必须戴安全帽　避险处

拓展阅读

安 全 色

中华人民共和国国家标准《安全色》(GB 2893—2008)规定，安全色是传递安全信息含义的颜色，包括红、黄、蓝、绿四种颜色。

红色传递禁止、停止、危险或提示消防设备、设施的信息。禁止使用、停止使用和有危险的器件设备或环境涂以红色的标记，如禁止吸烟标志。

黄色传递注意、警告的信息。需要警告人们注意的器件、设备或环境涂以黄色的标记，如注意安全标志。

蓝色传递必须遵守规定的指令性信息，如必须戴安全帽标志。

绿色传递安全的提示性信息。可以通行或安全情况涂以绿色的标记，如避险处标志。

禁止、停止 危险或消防	注意、警告	必须遵守 规定的指令	安全的提示

七、职业心理健康

1. 职业心理健康的概念

职业心理健康是指在工作中，职工不断适应工作环境，调节自己的心理状态，保持积极健康的心态。

2. 职业心理健康的标准

(1)能协调和控制情绪，心境良好。其标志是情绪稳定和心情愉快。具体表现为愉快情绪多于负面情绪、乐观开朗、富有朝气，对生活充满希望；情绪较稳定，善于控制和调节自己的情绪，既能克制又能合理宣泄自己的情绪。

(2)意志健全。意志健全是指个人自觉性、顽强性和自制力等方面的能力处于正常水平。具体表现为在工作中有自己独特的想法，有坚持完成一项工作的决心并能为之付出不懈努力。

（3）人格完整。人格是人的性格、气质、能力等特征的总和。人格完整是指具有正确的自我意识，有积极进取的人生观，思考问题的方式是适中与合理的，待人接物常常采取恰当灵活的态度，对外界刺激不会有过激的情绪和行为反应。

（4）自我评价正确。正确的自我评价是职业心理健康的重要条件。正确的自我观察、自我认定、自我判断和自我评价能使自己恰如其分地认识自己，既不以自己在某些方面强于别人而自傲，也不以某些方面弱于别人而自卑。面对挫折与困境，能够自我悦纳、正视现实、积极进取。

（5）人际关系和谐。良好的人际关系是事业成功与生活幸福的基础，具体表现为：乐于与人交往；在交往中保持独立而完整的人格，有自知之明，不卑不亢；能客观评价别人和自己，善取人之长补己之短。

拓展阅读

《工作场所职业卫生管理规定》强化了用人单位职业病防治的主体责任，以预防、控制职业病危害，保障劳动者健康和相关权益。根据该规定，用人单位应当加强职业病防治工作，为劳动者提供符合法律、法规、规章、国家职业卫生标准和卫生要求的工作环境和条件，并采取有效措施保障职工的职业健康。

知识巩固

1. 结合实际事例，说说你是如何理解工伤保险的意义的。
2. 请查阅相关资料，理解全员安全生产责任制的概念。

第二章

常见事故工伤预防

职工从事生产活动，就存在发生事故和职业病的可能，特别是特种作业和特种设备操作等，还可能因为一个人的疏忽影响其他人员。工伤不可避免，但可以通过工伤预防，把工伤事故发生率降低到最低限度。做好工伤预防，不但可以有效保障职工的安全健康，还可以减少因事故造成经济损失，也有利于企业的发展和社会的稳定。因此，要学习常见工伤事故预防知识，实现从“要我预防”到“我要预防”“我会预防”的转变。

第1节 事故与危险有害因素

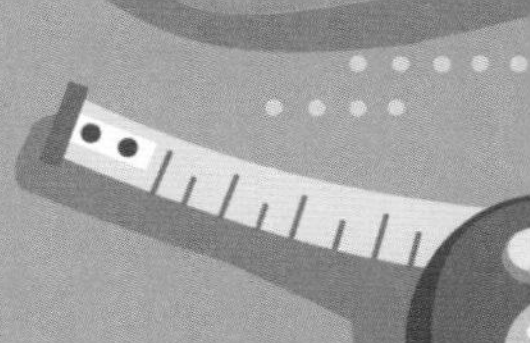

学习目标

- 了解事故的概念。
- 了解危险有害因素的概念。
- 掌握危险有害因素的分类。

一、事故

一般来说，事故是指人们不期望发生的，造成人员伤亡、疾病，以及设备设施损坏或其他经济损失和环境污染的意外事件。事故预防是为了避免或减少各种事故的发生而预先采取的措施。

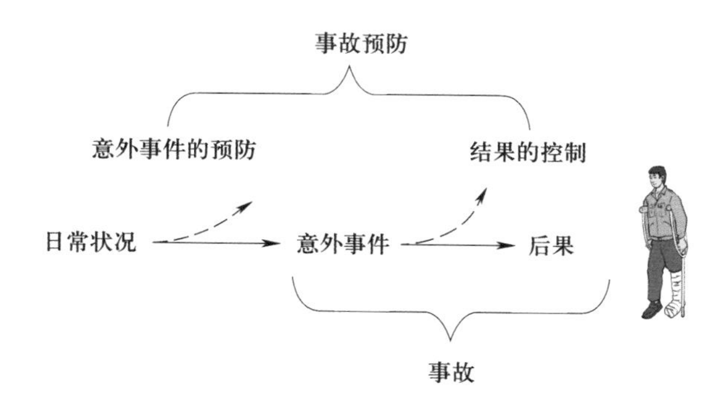

二、危险有害因素

1. 危险有害因素的概念

危险因素是指能对人造成伤亡或对物造成突发性损害的因素。有害因素是指能够影响人的身体健康、导致疾病或对人体造成慢性伤害的因素。

2. 危险有害因素的分类

危险有害因素可按照综合考虑起因物、引起事故的诱导性原因、致害物、伤害方式等进行分类。

危险因素可分为20类，包括：物体打击、车辆伤害、机械伤害、起重伤害、触电、淹溺、灼烫、火灾、高处坠落、坍塌、冒顶片帮、透水、爆破、火药爆炸、瓦斯爆炸、锅炉爆炸、容器爆炸、其他爆炸、中毒和窒息、其他伤害。

有害因素可分为7类，包括：生产性粉尘、毒物、噪声与振动、高温、低温、辐射、其他有害因素。

拓展阅读

个人作业“十不站”

1. 严禁站在运行吊物下、起重吊臂作业半径下。

2. 严禁站在设备运行、禁止区域或移动轨迹范围内。

3. 无安全措施前提下，严禁站在高处临边、孔洞等区域。

4. 无安全措施与专人陪同前提下，严禁站在易发生有毒有害介质泄漏、易燃易爆生产区域内。

5. 严禁站在热态熔融（喷溅）区域、红钢运行（高温辐射）区域以及电离辐射区域附近。

6. 严禁站在拆卸阀门、管道、设备结构等情况下而处于压力、势能释放的正面区域。

7. 严禁站在移动设备或装置、吊装件上。

8. 严禁站在无监护的立体交叉作业区域或动火作业区域下方。

9. 无安全措施前提下，严禁站在高压电气柜或变电区域。

10. 严禁在未经许可的情况下站在大型设备拆装、建筑爆破、环境不明、生产通道等区域。

第2节 电气事故工伤预防

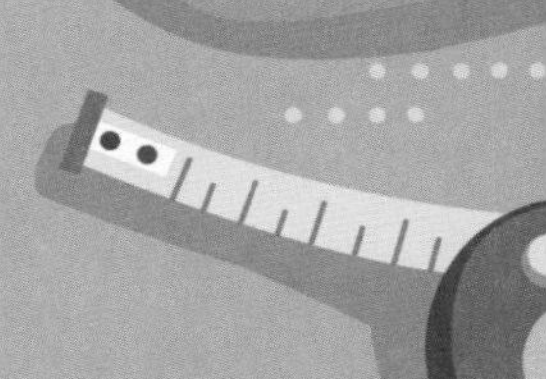

学习目标

- 了解电气事故的种类。
- 掌握电气事故防范的相关内容。

一、电气事故的种类

电气事故是指电能失去控制，对人体或电气系统造成损害的事故。电气事故可能导致人员受伤或设备损坏。电气事故可分为触电事故、静电事故、雷电灾害、射频辐射危害和电路故障5类。

1. 触电事故

触电事故是电流经过人体，造成生理伤害的事故。电流对人体的伤害可以分为电击和电伤。

（1）电击。可以根据人体接触带电体的方式和电流通过人体的路径，将电击分为单线电击、两线电击和跨步电压电击。单线电击是指当人体站在导电性地面或接地导体时，某一部位触及一相导体所导致的接触电压电击。两线电击则是指当人体处于非接地状态时，某两个部位同时接触两相导体所导致的接触电压电击。而跨步电压电击则是指当人体进入地面带电区域时，两脚之间承受的跨步电压所导致的电击。

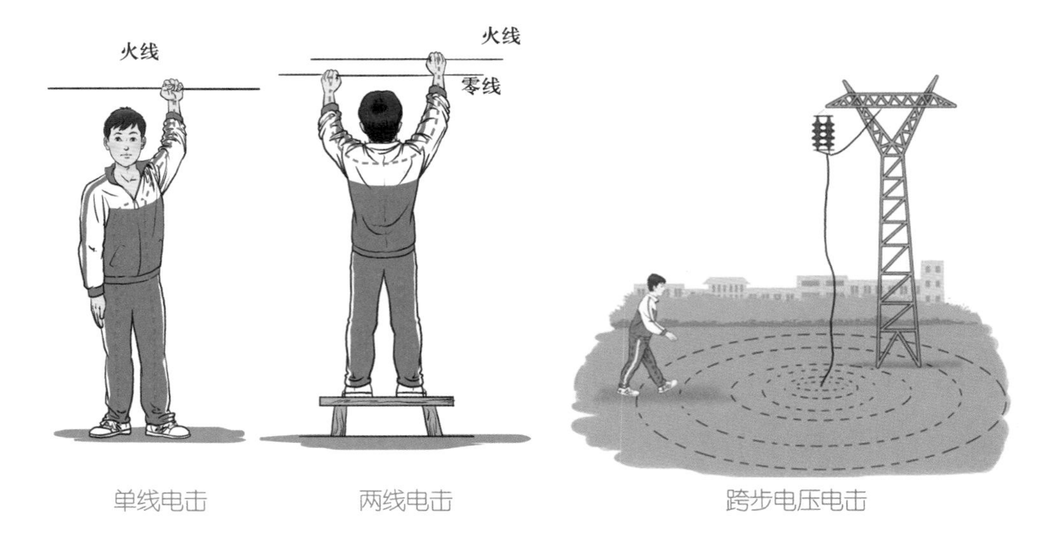

单线电击　　两线电击　　跨步电压电击

（2）电伤。按照电流转换成作用于人体的能量的不同形式，电伤可分为电弧烧伤、电流灼伤、皮肤金属化、电烙印和机械性损伤等伤害。

2. 静电事故

静电是指生产过程中和工作人员操作过程中，由于某些材料的摩擦而积累起来的正电荷和负电荷。这些电荷周围的场中储存的能量不大，不会直接致命。但是，静电电压可能高达数万乃至数十万伏，在现场发生放电，产生静电火花。在火灾和爆炸危险场所，产生静电火花是十分危险的。

3. 雷电灾害

雷电放电具有电流大、电压高等特点，产生的雷击具有极大的破坏力。雷击可能毁坏设施和设备，也可能直接伤及人、畜，还可能引起火灾和爆炸。

4. 射频辐射危害

射频辐射危害主要表现为电磁场伤害。人体在高频电磁场作用下吸收辐射能量，可能使人的中枢神经系统、心血管系统等受到不同程度的伤害。

5. 电路故障

电路故障是由电能传递、分配、转换失去控制造成的。断线、短路、接地、漏电、误合闸、误掉闸、电气设备或电气元件损坏等都属于电路故障。电路故障可能影响职工人身安全。

二、电气事故防范

电气事故不仅可能导致财产损失，更可能威胁到人们的生命安全。因此，采取必要的电气事故防范措施，对保障我们的生活和工作安全至关重要。

1. 防止接触带电部件

防止人体与带电部件的直接接触，是防止电击的最基本方法，采用绝缘、屏护和安全间距是最为常见的安全措施。

（1）绝缘。绝缘是指用不导电的绝缘材料把带电体封闭起来，这是防止直接触电的基本保护措施。要注意绝缘材料的绝缘性能应与设备的电压、载流量、周围环境、运行条件相符合。

（2）屏护。屏护是指采用遮栏、栅栏、护罩、护盖、箱闸等把带电体同外界隔离开来。屏护用于电气设备不便于绝缘或绝缘不足以保证安全的场合，是防止人体接触带电体的重要措施。

静电防护服

屏护

（3）安全间距。安全间距是指为防止人体触及或接近带电体，防止车辆等物体碰撞或过分接近带电体，在带电体与带电体、带电体与地面、带电体与其他设备和设施之间，皆应保持一定的距离。安全间距的大小与电压高低、设备的类型和安装方式等因素有关。

2. 防止电气设备漏电伤人

保护接地和保护接零，是防止间接触电的基本技术措施。

保护接地是指把正常运行的电气设备不带电的金属部分和大地可靠连接的一种保护接线方式。其原理是通过接地把漏电设备的对地电压限制在安全范围内，防止触电事故。

保护接零是指把用电设备在正常情况下不带电的金属外壳与电网中的零线可靠连接，以保护人身安全的一种用电安全措施。其原理是在设备漏电时，电流经过设备的外壳和零线形成单相短路，短路电流烧断熔丝或使低压断路器跳闸，从而切断电源，消除触电危险。保护接零适用于电网中性点接地的低压系统。

3. 采用安全电压

安全电压是指为防止人身电击事故，采用由特定电源供电的电压系列。我国安全电压额定值的等级为 42 伏、36 伏、24 伏、12 伏和 6 伏，应根据作业场所、操作人员条件、使用方式、供电方式、线路状况等因素选用。

4. 漏电保护装置

漏电保护装置又称触电保护器，在低压电网中发生电气设备及线路漏电或触电

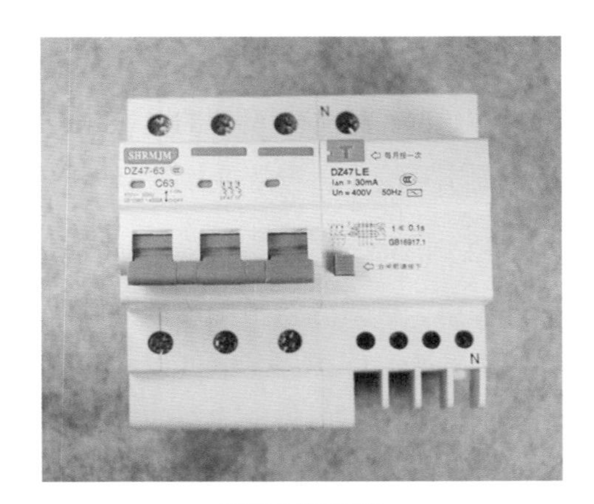

漏电保护装置

时，可以立即发出报警信号并迅速自动切断电源，从而保护人身安全。

5. 合理使用防护用品

在电气作业中，要合理匹配和使用绝缘防护用品。绝缘防护用品可以分为两类：一类是基本安全防护用具，如高压绝缘棒、高压验电器等；另一类是辅助安全防护用具，如乳胶绝缘手套、高压绝缘靴等。

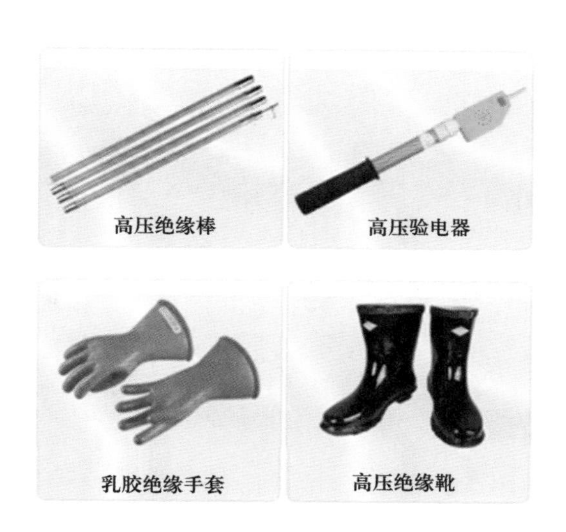

6. 安全用电组织管理措施

防止触电事故，技术措施十分重要，组织管理措施也必不可少。组织管理措施一般包括制订安全用电措施计划和规章制度，进行安全用电检查、教育和培训，组织事故分析，建立安全资料档案等。

拓展阅读

电对人体会产生怎样的伤害？

人体接受过量的电流，可能会造成电击伤；电能转换为热能作用于人体，可致人体烧伤或灼伤；电气设备可产生电磁波，过量的电磁辐射会造成人体机能的损害。

当与人体接触的电流为0.5~1毫安时，人就有手指、手腕麻或痛的感觉；当电流为8~10毫安时，针刺感、疼痛感增强，机体发生痉挛会抓紧带电体，但终能摆脱带电体；当接触电流为20~30毫安时，会使人迅速麻痹，不能摆脱带电体，而且血压升高、呼吸困难；当电流超过50毫安时，就会使人呼吸麻痹，身体颤抖，数秒钟后就可致命。

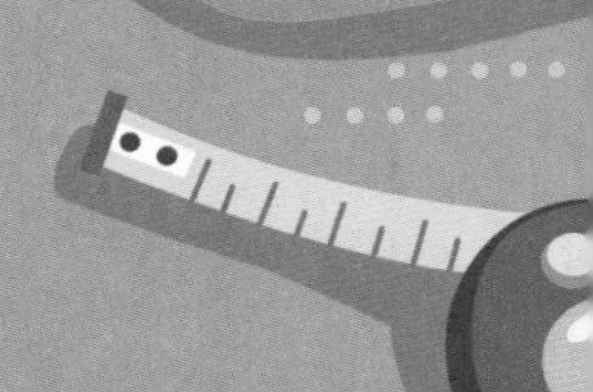

第3节 机械事故工伤预防

学习目标

- 熟悉机械的概念和由机械产生的危险因素。
- 了解常见机械作业事故类型。
- 掌握机械作业事故防范的相关内容。

一、机械作业及其事故类型

1. 认识机械作业

机械是机器与机构的总称。从安全的角度对机械进行分类，可以分为一般机械、危险机械和特种设备。一般机械是指事故发生概率很小、危险性不大的机械设备，如数控机床、加工中心等。危险机械是指危险性较大、需要人工上下料的机械设备，如木工机械、冲压剪切机械、塑料（橡胶）射出或缩成机械等。特种设备是指那些对人身和财产安全有较大危险性的特殊设备。

专家提示

《中华人民共和国特种设备安全法》第二条指出，本法所称特种设备，是指对人身和财产安全有较大危险性的锅炉、压力容器（含气瓶）、压力管道、电梯、起重机械、客运索道、大型游乐设施、场（厂）内专用机动车辆，以及法律、行政法规规定适用本法的其他特种设备。

由机械产生的危险因素可以分为机械危险、电气危险、热危险、噪声危险、振动危险、辐射危险、工效学危险、材料或物质产生危险、与机器使用环境有关的危险以及组合危险。

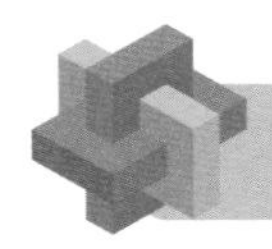

案例分析

请分析下列图示中操作者在使用机械时可能存在的危险因素。

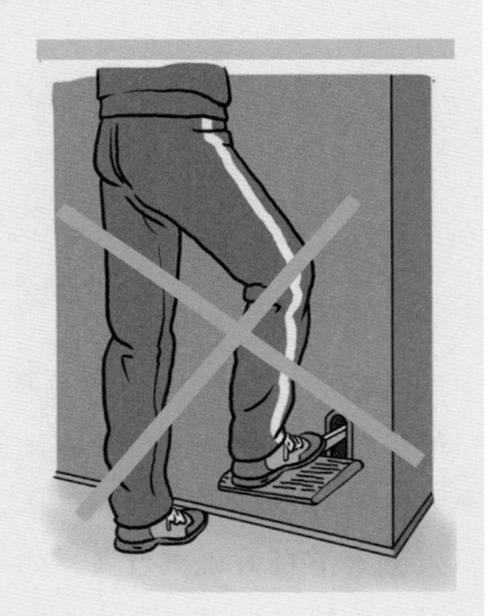

点评：左图存在噪声危险及振动危险，应对操作者提供良好的噪声和振动保护，例如护耳器可防止噪声对人体的影响，护手用品可减少振动影响。

右图为工效学危险，图中将脚踏开关设置在只有将脚从地面抬高才可及的位置会使脚始终处于疲劳状态，应将脚踏开关的位置降低，并提供一个垫脚板，使操作者易于操作。

2. 常见机械作业事故类型

常见的机械作业包括车、铣、刨、磨、钳、铸、焊以及现代加工技术等。从业人员在进行机械作业时产生的事故类型大致包括以下几方面。

（1）卷绕和绞缠。外露的皮带轮、齿轮、丝杠直接将衣服、衣袖裤脚、手套、围裙、长发等绞入机器中，造成的人身伤害。

（2）挤压、剪切和冲击。人体或人体的某一部位受到挤压、剪切和冲击造成的伤害。

（3）吸入、陷入或碾压。相互配合的机器部件在运动时可能对人体造成的伤害。

（4）飞出物伤害。旋转的机器部件、未卡牢的零件、击打操作中飞出的工件造成的人身伤害。

（5）物体坠落伤害。高处的零部件、物体掉落造成的人身伤害。

（6）切割、摩擦。切削刀具的锋刃，零件表面的毛刺，工件或废屑的锋利飞边，机械设备的尖棱、利角、锐边，粗糙的表面（如砂轮、毛坯）等对人体造成的伤害。

（7）刺穿、碰撞。锋利物体、尖锐物体对人体造成的伤害。

（8）滑倒、绊倒和跌落。由于地面堆物无序或地面凹凸不平导致的磕绊跌伤，接触面摩擦力过小（光滑、油污、冰雪等）造成的打滑、跌倒伤害。

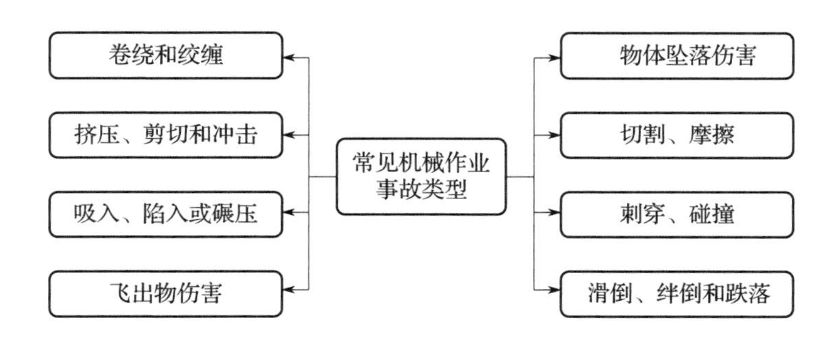

绞缠

冲击

物体坠落伤害

飞出物伤害

滑倒

跌落

拓展阅读

机械设备除了能造成上述伤害外，还可能造成其他伤害，例如，有的机械设备在使用时伴随着强光、高温，还有的释放出化学能、辐射能、尘毒危害物质等，这些对人体都可能造成伤害。

案例分析

2011年5月，四川省某市某木器厂木工李某用平板刨床加工木板，李某进行推送作业，另有一人接拉木板。在快刨到木板端头时，遇到节疤，木板开始抖动，造成李某的右手脱离木板直接按到了刨刀上。因这台刨床的刨刀没有安全防护装置，瞬间李某的4根手指就被刨掉了。其实在一年前，该厂为了解决这台刨床无安全防护装置这一隐患，专门购置了一套安全防护装置。但装上用了一段时间后，操作人员嫌麻烦，将其拆除，因此发生了这样的事故。

点评：这起事故是由人的不安全行为——违章作业，机械的不安全状态——失去了应有的安全防护装置，以及安全管理不到位等因素共同导致的。安全意识差是造成伤害事故的思想根源。操作人员应牢记，所有的安全防护装置都是为了保障操作者的生命安全和健康而设置的。机械设备的危险区就像一只吃人的“老虎”，而安全防护装置则是关老虎的“铁笼”，一旦被拆除了，那么这只“老虎”就有可能随时伤害人们的身体。

二、机械事故防范

1. 机械设备的基本安全要求

应通过改变机械设备设计或工作特性，而不是使用防护装置来消除危险或减少与危险有关的风险。例如，具有自动化进料设计的机械可使操作者的双手远离机械设备的危险部件。

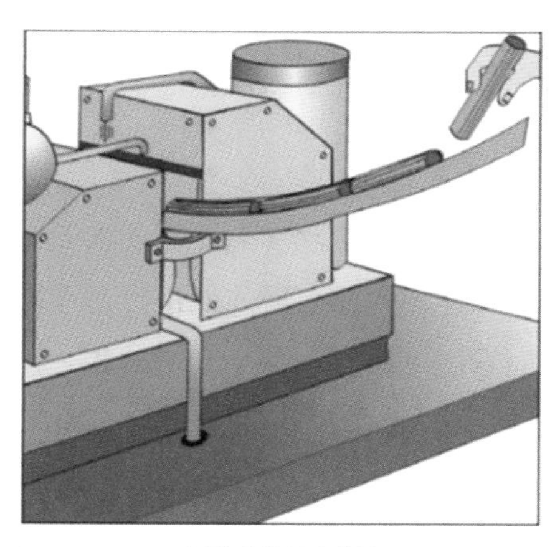

自动化进料设计

机械设备的零部件的强度、刚度应符合安全要求，安装应牢固，不得经常发生故障。机械设备根据有关安全要求，必须装设合理、可靠、不影响操作的安全防护装置。例如，对于做旋转运动的零部件应装设防护罩、防护挡板或防护栏杆等安全防护装置，以防发生绞伤。

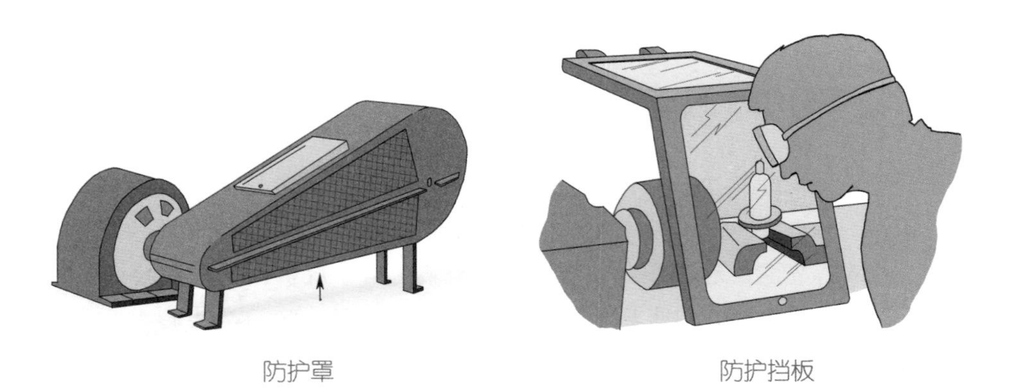

防护罩　　　　防护挡板

对于超压、超载、超温度、超时间、超行程等能发生危险事故的零部件，应装设保险装置，如超负荷限制器、安全阀、温度继电器、时间继电器、行程限制器等，以便当危险情况发生时，由于保险装置的作用而排除险情，防止事故的发生。

对于某些动作需要对人们进行警告或提醒注意时，应安设信号装置或安全标志等。例如，电铃、扬声器、蜂鸣器等声音信号，各种灯光信号、各种安全标志等都属于这类安全防护装置。

使用安全标志指示灭火器位置

对于某些动作顺序有要求的零部件应装设联锁防护装置，即某一动作必须在前一个动作完成之后才能进行，否则就不能动作，这样就保证了不会因动作顺序搞错而发生事故。

机械设备的电气装置应符合以下电气安全要求：供电的导线必须正确安装，不得有任何破损；电动机绝缘应良好，其接线板应有盖板防护，以防直接接触；开关、按钮等应完好无损，其带电部分不得裸露在外；应有良好的接地或接零装置，连接的导线要牢固，不得有断开的地方；局部照明灯应使用安全电压，禁止使用110伏或220伏电压。

机械设备的操纵手柄、手轮、脚踏开关应符合以下安全要求：重要的手柄应有可靠的定位及锁紧装置；同轴手柄应有明显的长短差别；手轮在机动时能与转轴脱开，以防随轴转动伤人；脚踏开关应有防护罩或藏入设备的凹入部分内，以免掉下的零部件落到开关上，启动机械设备而伤人。

每台机械设备应根据其性能、操作顺序等制定安全操作规程和检查、润滑、维护等制度，以便操作者遵守。

机械设备的作业现场要有良好的环境，即照度适宜，湿度与温度适中，噪声和振动小，零件、工夹具等摆放整齐。这样才能保证操作者保持心情舒畅，专心无误地工作。

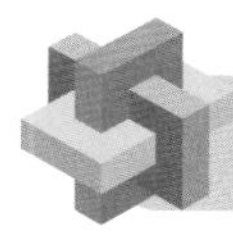

拓展阅读

机械安全“四必有”“四停用”“三紧”

有轮必有罩；有轴必有套；

有台必有栏；有洞必有盖。

无联锁防护停用；无接地漏电保护停用；

无岗前培训停用；无安全操作规程停用。

袖口紧；下摆紧；裤脚紧。

2. 机械设备的安全使用

如果设计者根据上述方法采取的安全措施不能完全满足基本安全要求，就必须由使用机械设备的作业人员采取穿戴劳动防护用品、保证作业场地与工作环境的安全性、实施安全管理措施等方法加以弥补。

（1）穿戴劳动防护用品。劳动防护用品是职工在机械设备的使用过程中，保护

人身安全与健康所必备的一种防御性装备，在事故发生时对避免伤害或减轻伤害程度起一定作用。劳动防护用品不是也不可取代安全防护装置，它不具有避免或减少面临危险的功能，只是当危险来临时起一定的防御作用。必要时，劳动防护用品可与安全防护装置配合使用。

（2）保证作业场地与工作环境的安全性。作业场地是指利用机械设备进行作业活动的地点、周围区域及通道。工作场地的作业分区、机械设备的布局、物料器具的堆放、地面的卫生都应该满足安全要求。

（3）实施安全管理措施。应制定安全管理措施控制生产中对人员造成的危害。安全管理措施应包括以下内容：建立健全并落实全员安全生产责任制、安全生产规章制度和安全操作规程；加强对职工的安全生产教育和培训，包括安全法制教育、风险知识教育和安全技能教育，以及特种作业人员的岗位培训（要求持证上岗）；对机械设备实施监管，特别是对安全有重要影响的重大、危险机械设备和关键机械设备及其零部件，必须对其从安装、使用直至报废实施有效的全程安全监管；制定事故应急救援预案等。

拓展阅读

起重作业“十不吊”

1. 超载或被吊物质量不清不吊。
2. 指挥信号不明确不吊。
3. 捆绑、吊挂不牢或不平衡可能引起吊物滑动不吊。
4. 被吊物上有人或浮置物不吊。
5. 结构或零部件有影响安全工作的缺陷或损伤不吊。

6. 遇有拉力不清的埋置物件不吊。

7. 工作场地光线暗淡，无法看清场地、被吊物情况和指挥信号不吊。

8. 重物棱角处与捆绑钢丝绳之间未加垫不吊。

9. 歪拉斜吊重物不吊。

10. 易燃易爆物品不吊。

第4节 火灾爆炸事故工伤预防

学习目标

- 了解燃烧的定义、燃烧的条件。
- 掌握爆炸的定义、爆炸事故类型，了解爆炸的破坏性作用。
- 掌握火灾爆炸事故的防范的相关内容。
- 了解常用灭火器，掌握灭火器的使用方法。

一、火灾爆炸及其事故类型

1. 认识燃烧

燃烧，就是平常所说的“着火”。燃烧是指可燃物与氧化剂作用发生的放热反应，通常伴有火焰、发光和（或）发烟现象。放热、发光、生成新物质是燃烧现象的3个主要特征。一旦失去对燃烧的控制，就会发生火灾，造成危害。为了认识火灾，预防火灾，必须先了解物质燃烧的有关知识。

拓展阅读

任何物质的燃烧，必须同时具备以下3个必要条件。

可燃物。凡是能与空气中的氧气或其他氧化剂起燃烧化学反应的物质称为可燃物。简单来说，可燃物就是可以燃烧的物品。

点火源，也称引火源。点火源是指具有一定能量，能够引起可燃物质燃烧的能源。

氧化剂，也称助燃物。氧化剂是指能和可燃物发生燃烧反应的物质。常见的氧化剂如空气（氧）、氯、氟、氯酸钾等。

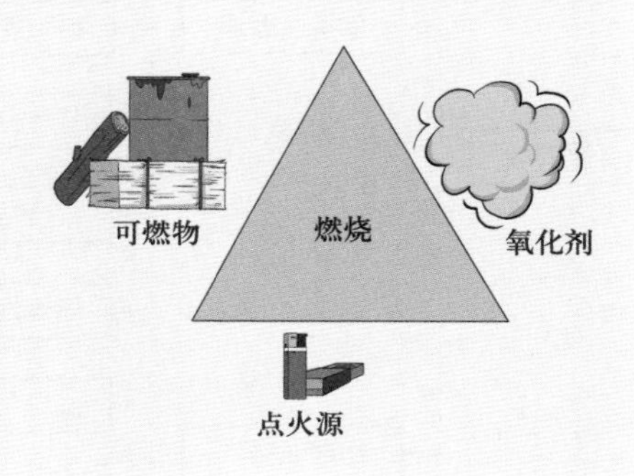

2. 认识爆炸

在作业过程中，爆炸是严重的事故。由于爆炸一般都是突然发生的，很少有初期扑救或疏散的机会，并且破坏性极强，不仅可以破坏工厂的设施和设备，而且会带来严重的人员伤亡。要预防爆炸，就必须了解有关爆炸的基础知识。

爆炸是指大量能量（物理或化学能量）在瞬间被释放或转化成机械能、光、热等形式的现象。爆炸的核心特征是压力的急剧上升。这种压力上升可能是由物理因素引起的，也可能是由化学反应或物理、化学综合反应引起的。在爆炸发生时，热膨胀产生的气浪的冲击动力和高温，一方面其本身具有极强的破坏性，另一方面也可能点燃可燃物而引发火灾。

根据爆炸的本质和现象，爆炸事故类型可分为物理性爆炸和化学性爆炸两大类。物理性爆炸一般包括高压气体

爆炸和锅炉爆炸等。化学性爆炸一般包括可燃性气体与空气混合物爆炸、粉尘爆炸、气体分解爆炸、混合危险物品引起的爆炸、爆炸性化合物爆炸等。

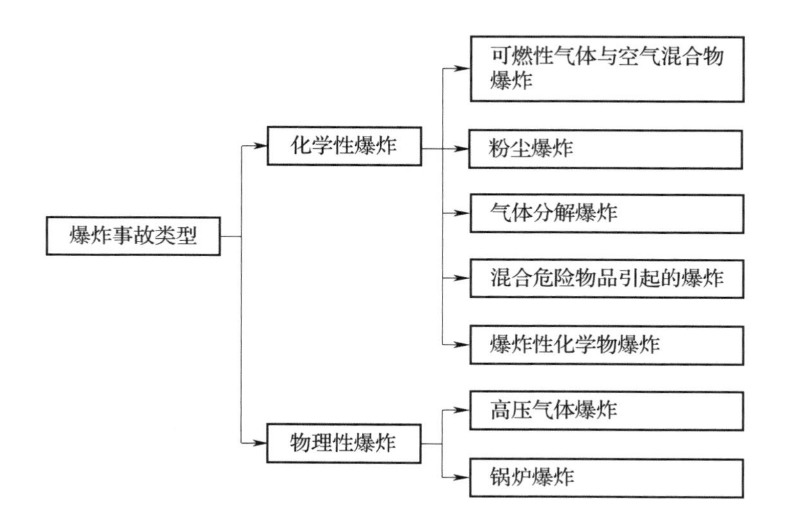

拓展阅读

引起火灾和爆炸的常见点火源有哪些？

点火源是引起火灾和爆炸事故的重要条件。为了预防火灾和爆炸，要对点火源进行严格管理。在生产中，引发火灾和爆炸的常见点火源有以下8种。

1. 明火，如火炉、火柴、烟道喷出的火星、气焊和电焊喷火等。

2. 高热物及高温表面，如加热装置、高温物料的输送管、冶炼厂或铸造厂里熔化的金属等。

3. 电火花，如高电压的放电火花、开闭电闸时的弧光放电等。

4. 静电火花，如液体流动、人体带电引起的静电火花等。

5. 摩擦与撞击火花，如机器上轴承转动的摩擦、磨床和砂轮的摩擦、铁器工具相撞等引起的火花。

6. 物质自行发热，如油纸、油布、煤的堆积等。

7. 绝热压缩。例如，硝化甘油液滴中含有气泡时，被锤击受到绝热压缩，瞬时升温，可使硝化甘油液滴被加热至着火点而爆炸。

8. 化学反应热、光线和射线等。

案例分析

2014 年 8 月，江苏省某市的某金属制品有限公司抛光二车间发生特别重大铝粉尘爆炸事故，造成 97 人死亡、163 人受伤，直接经济损失 3.51 亿元。

点评：事故车间除尘系统较长时间未按规定清理，铝粉尘积聚。除尘系统风机开启后，打磨过程产生的高温颗粒在集尘桶上方形成粉尘云。1 号除尘器集尘桶锈蚀破损，桶内铝粉受潮，发生氧化放热反应，达到粉尘云的引燃温度，引发除尘系统及车间的系列爆炸。因没有泄爆装置，爆炸产生的高温气体和燃烧物瞬间经除尘管道从各吸尘口喷出，导致全车间所有工位操作人员直接受到爆炸冲击，造成群死群伤事故。

二、火灾爆炸事故防范

为防范火灾爆炸事故导致人员伤亡以及财产损失，生产经营单位应从以下 3 方面入手提出防范措施：一是阻止火灾爆炸系统的形成；二是当燃烧爆炸物质不可避免地出现时，要尽可能消除或隔离点火源；三是阻止和限制火灾爆炸的蔓延扩展，尽量降低火灾爆炸事故造成的损失。

拓展阅读

电气防火防爆措施

电气火灾和爆炸必须具备两个条件。从外因来说，是周围存在足够数量和浓度的易燃易爆物质，称为危险源；从内因来说，是电气设备发热或电火花、电弧充当点火源。因此，电气防火防爆措施主要是设法排除上述危险源和点火源。

一是保持良好通风，消除危险源。将易燃易爆气体、粉尘和纤维的浓度降低至爆炸浓度以下，用于机械通风的电动机应保证在正常和事故状态下均能正常运转。加强存在易燃易爆物质的生产设备、容器、管道和阀门等的密封措施。

二是消除点火源。将在正常运行时会产生火花、电弧和危险高温的非防爆电气设备，安装在危险场所之外。尽量不在危险场所使用便携式电气设备。同时，要按防爆要求接地或接零，合理选择安装位置，严格按规定保持设备安全防火距离。还要采用静电接地、使用静电消除器、改进工艺、增湿、屏蔽等方法消除和防止静电火花。

1. 开展防火教育，提高防火意识

建立健全群众性义务消防组织和消防安全制度，开展经常性的防火安全检查，消除火灾隐患，并根据生产性质，配备适用和足够的消防设施。

灭火器

作用：扑救初起火灾

室外消火栓

作用：控制可燃物、隔绝氧化剂、消除点火源，提供消防车补水

洒水喷头

作用：当环境温度达到设定值（常为68 ℃)时，喷头玻璃管破裂，水流从管道喷出灭火

室内消火栓

作用：控制可燃物、隔绝氧化剂、消除点火源，用于扑救一般火灾

2. 采取安全措施，消除点火源

为消除静电，可向易燃液体内加入抗静电剂。罐体、管道等应进行可靠的接地。向容器内注入易燃液体时，注液管道要光滑、接地，管口要插到容器底部。为防止雷击，在易燃易爆工作场所和库房要安装避雷设施。

3. 合理安排生产工艺

根据产品原材料、火灾危险性质安排选用符合安全要求的设备和工艺流程。性质不同又能相互作用的危险化学品应分开存放。具有火灾爆炸危险的厂房，要实行局部通风或全面通风，降低易燃气体、粉尘和纤维的浓度。

4. 在密闭设备中进行易燃易爆物质生产

对于特别危险的作业，可充装惰性气体或其他介质保护，隔绝空气。对于与空气接触会燃烧的，应采取特殊措施存放。

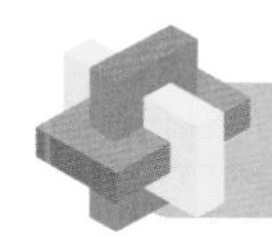

专家提示

按照一次火灾事故损失的严重程度，可以将火灾等级划分为4类。

特别重大火灾是指造成30人以上死亡，或者100人以上重伤，或者1亿元以上直接财产损失的火灾。

重大火灾是指造成10人以上30人以下死亡，或者50人以上100人以下重伤，或者5 000万元以上1亿元以下直接财产损失的火灾。

较大火灾是指造成3人以上10人以下死亡，或者10人以上50人以下重伤，或者1 000万元以上5 000万元以下直接财产损失的火灾。

一般火灾是指造成3人以下死亡，或者10人以下重伤，或者1 000万元以下直接财产损失的火灾。

三、扑救初起火灾的方法

非专业消防人员扑救初起火灾，可以利用的灭火工具、器材主要有简易灭火工具、手提式灭火器、室内消火栓等。

1. 简易灭火工具灭火

一般固体物质（如木材、纸张、布料等）的初起火灾，用水、湿棉被、湿麻袋、黄沙、泥土、炉渣等均可以扑救。

可燃液体（如汽油、酒精、食油等）的初起火灾，要根据其燃烧时的状态确定灭火工具。液体燃烧局限在容器内，如油锅、油桶起火，可用锅盖、灭火毯、湿棉被等扑救，不能用沙土、炉渣等灭火，以免燃烧液体溢出，造成流淌火灾。流淌液体火灾，可用黄沙、泥土、炉渣、水泥粉等筑堤并覆盖灭火。

可燃气体（如天然气、煤气、液化石油气等）起火，在压力不大的情况下，可用湿棉被、湿衣物等灭火。灭火后应立即切断气源，如不能切断气源，应在严密防护下维持其稳定燃烧。

拓展阅读

俗话说水火不相容。但自然界就有这种物质，沾水就能着火，这是为什么？原来，遇水着火的物质与水接触时能起化学反应，并产生可燃气体和热量而引起燃烧。属于这类物质的有以下4种。

1. 碱金属和碱土金属。例如，锂、钠、钾、钙、锶、镁等，它们与水反应生成大量的氢气，遇点火源就会燃烧或爆炸。

2. 氢化物。例如，氢化钠与水接触能放出氢气并产生热量，能使氢气自燃。

3. 碳化物。例如，碳化钙、碳化钾、碳化钠等与水接触能发生燃烧。碳化钙（电石）与水接触能生成乙炔，这种气体能燃烧或爆炸。

4. 磷化物。例如，磷化钙、磷化锌等，它们与水作用生成磷化氢，而这种气体在空气中能够自燃。

2. 手提式灭火器的类型和使用方法

手提式灭火器是扑灭初起火灾的重要工具，是最常用的灭火器材。按照充装灭火剂的种类分类，手提式灭火器可分为干粉灭火器、水基型灭火器、二氧化碳灭火器、洁净气体灭火器。使用时必须针对燃烧物质的性质选择灭火器，否则会适得其反。手提式灭火器及其适用范围见表 2-1。

表 2-1　　手提式灭火器及其适用范围

类型	定义	适用范围
干粉灭火器	充装干粉灭火剂的灭火器具	BC 干粉灭火剂，适用于扑救可燃液体、可燃气体、涉及带电设备的初起火灾
		ABC 干粉、超细干粉灭火剂，适用于扑救可燃固体有机物质、可燃液体和可燃气体、涉及带电设备的初起火灾
		D 类火灾专用干粉灭火剂，适用于扑救相适应的一种或几种可燃金属的初起火灾
水基型灭火器	充装以水为灭火剂基料的灭火器具	适用于扑救可燃固体有机物质、可燃液体和可燃气体的初起火灾
二氧化碳灭火器	充装二氧化碳气体作为灭火剂的灭火器具	适用于扑救可燃液体，可燃气体，涉及带电设备、精密电子仪器、贵重设备的初起火灾
洁净气体灭火器	充装非导电的气体或汽化液体作为灭火剂的灭火器具	适用于扑救易燃和可燃液体、可燃气体、可燃固体及涉及带电设备的初起火灾

拓展阅读

干粉灭火器的使用方法

一“提”：提起灭火器之后上下颠倒摇晃使干粉松动。

二“拔”：拔下保险销。

三“压”：用力压下手柄。

四“喷”：对准火源根部喷射。

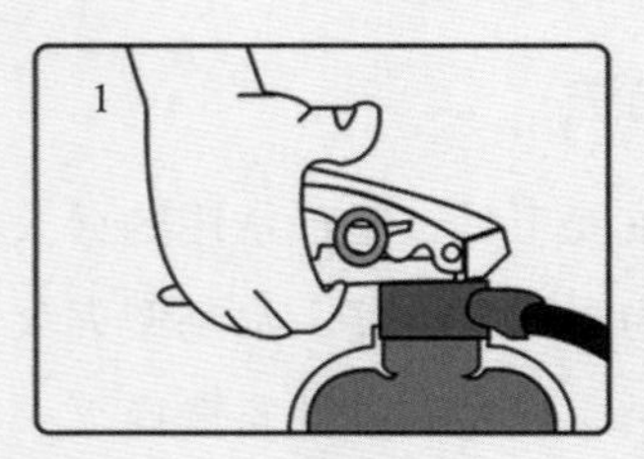

1．提起灭火器

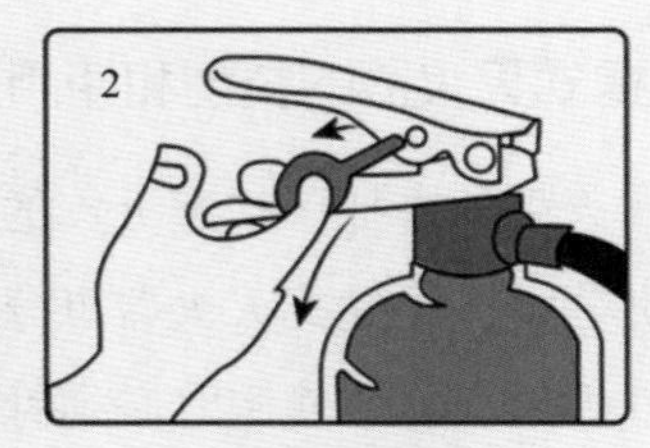

2．拔下保险销

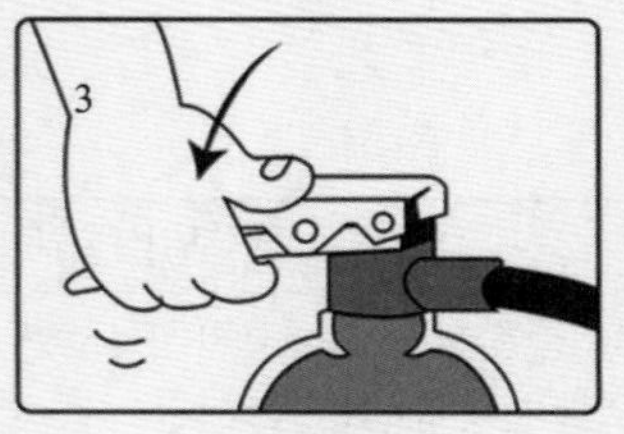

3．用力压下手柄

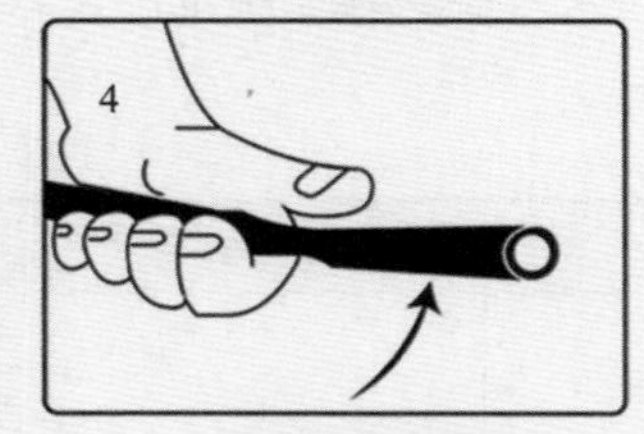

4．对准火源根部喷射

3. 室内消火栓的使用方法

室内消火栓是与消防室内给水管路连接，由室内消防给水网管向火场供水的带有阀门的接口。室内消火栓通常安装在消火栓箱内，与消防水枪、消防水带以及消防软管卷盘等配套使用，是扑救建筑火灾常用的固定消防设施之一。

1．打开或击碎箱门，取出消防水带

2．展开消防水带

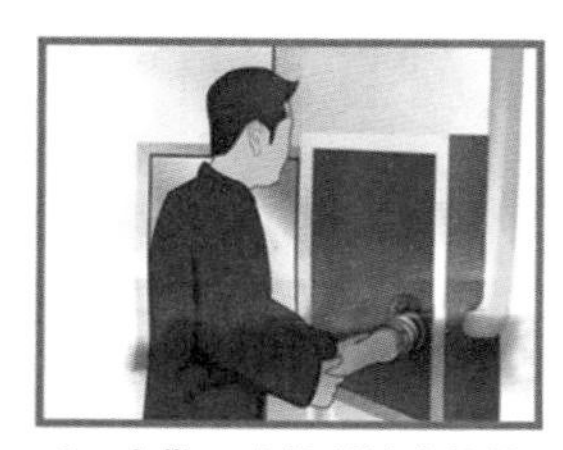

3．水带一头接到消火栓接口上

4．另一头接上消防水枪

5．另外一人打开消火栓上的水阀

6．对准火源根部喷射，进行灭火

室内消火栓的使用方法

第5节 交通事故工伤预防

学习目标

- 了解道路交通事故及其类型和特点。
- 掌握交通事故防范与处置措施。
- 熟悉道路交通安全设施。

一、道路交通事故及其类型和特点

1. 认识道路交通事故

交通是指运输事业，运输方式包括铁路、公路、水路、空路和管道等5种。在各种交通事故中，道路交通事故是工伤预防的重点。

道路交通事故是指车辆在道路上因过错或意外造成人身伤亡或财产损失的事件。随着社会的发展进步，乘客和货物的运输量增加，特别是机动车的数量猛增，道路交通事故也越来越严重，已经成为和平时期威胁人类生命财产安全的一个重大问题。

2. 道路交通事故的类型

从事故类型构成分析，道路交通事故可以分为：机动车—机动车事故、机动车—非机动车事故、非机动车—非机动车事故。

拓展阅读

驾车“十不准”：不准超载，不准抢挡，不准超速行驶，不准酒后驾驶，开车时不准吃东西，开车时不准与他人谈话，人货不准混载，视线不清不准倒车，不准无机动车驾驶证人员开车，行驶中不准跳上跳下。

3. 道路交通事故的特点

道路交通事故具有随机性、突发性、频发性和社会性的特点。

（1）随机性。道路交通运输体系是一个复杂系统，与周围环境相互作用时会形成一个动态的大系统。在这样的大系统中，每个环节出现的错误都可能导致危及整个系统的重大事故。而这些错误大多是随机发生的，因此引发的事故也是随机的。

（2）突发性。道路交通事故通常是突然发生的，没有任何先兆。驾驶员从察觉危险到事故发生的时间非常短暂，常常比驾驶员的反应时间和采取相应措施所需的时间之和还要短。即使在事故发生前驾驶员有足够的反应时间，但还是有可能由于反应不当或不准确，致使操作失误或不适当，最终导致道路交通事故的发生。

（3）频发性。由于汽车工业高速发展，车辆急剧增加，导致交通量激增，与道路的比例失衡，再加上交通管理不善等原因，造成了道路交通事故频繁发生，伤亡人数增多。道路交通事故已经成为世界范围内的一项重大公共问题。

（4）社会性。随着社会和经济的发展，道路交通越来越成为人们日常生活和工作中不可或缺的一部分，是人们客观需求的体现。由于社会分工越来越精细，人们之间的合作和交流日益密切，导致人们在道路上的活动越来越频繁，交通事故也成为一种社会性问题。

二、交通事故防范与处置

1. 普通公路交通事故防范与处置措施

（1）车辆碰撞。发生车辆碰撞事故后，应立即停车，稳定情绪，现场拨打“122”交通事故报警电话，有人员伤亡的拨打“120”急救电话，电话中应说清楚事故发生地点和大致情况。要保护现场，不要轻易移动现场物品，有人员伤亡时，通过正规法律程序处理。遇到肇事车辆逃逸时，记下车牌号和车辆的车型、颜色、特征、逃逸方向，为后续事故调查提供依据和线索。

发生车辆故障或交通事故后，应放置三角警示牌提醒后方来车注意，防止引发二次事故。在常规道路上，应将三角警示牌放置在车后 50 ~ 100 米处；在高速公路上，则要在车后 150 米外的地方设置三角警示牌；雨雾天气时应将距离提升到 200 米外。车内人员应迅速转移到右侧路肩上或应急车道内，打开车辆的危险报警闪光灯（双闪灯）并迅速报警。

三角警示牌

（2）车辆自燃。车辆在出现线路短路、渗油等内部故障时，或在外部环境高温、干燥天气等条件下，都可能诱发自燃。车辆行驶过程中，车头突然冒黑烟或火苗时，应立即靠路边停车、熄火，关闭电源以断开油泵，减少汽油燃烧。局部起火且只有少量烟雾时，应用车载灭火器喷洒起火点。火势比较严重时，不要贸然打开车辆前盖，这样会使氧气快速进入，导致火势突然变大。应先将前盖打开一条小缝，让氧气进入一段时间后再慢慢打开，用灭火器扑救。身上衣物被引燃时，马上在地上打滚灭火，并脱掉燃烧的衣物。若衣物已经粘连皮肤，切勿强行撕下，应立即就医。

（3）车辆侧滑。当车辆发生侧滑时，保持镇定和冷静非常重要。应紧握座位或扶手，并确保身体尽量靠近座椅背部，这样可以减轻侧滑带来的冲击，并减少受伤的可能性。行车过程中应确保安全带已正确系好，这可以有效减少事故发生时受伤的程度。尽量避免突然移动或干扰驾驶员，因为这可能会影响他们采取适当的措施来应对侧滑情况。密切关注驾驶员的指示和动作，配合他们的调整，例如，向一个方向倾斜时，可能需要乘客朝相反的方向靠拢，以帮助车辆恢复平衡。

（4）车辆落水。一般情况下，汽车入水时电路并不会立即失效，所以要用最快的速度解锁车门、车窗或天窗，打开后尽快撤离。当车身完全被水淹没、车门无法打开时，应等待车内外水压平衡后，再打开车门。如果正常方法不能打开车门、车窗，可以用安全锤击打车窗四角，砸开车窗逃生。如果车中没有安全锤，可以利用车座头枕撬窗逃生，用头枕的两根金属棒插入车窗底部玻璃与橡胶密封圈的缝隙当中，然后用力向上撬，车窗玻璃就会碎裂。

2. 其他交通事故防范与处置措施

（1）公共汽车事故。在车内发现易燃易爆物品、闻到烧焦物品的气味或有不明烟雾时，应及时通知司机或安全员。司机或安全员应立即停车检查并将乘客疏散到安全区域有序撤离，撤离过程中要注意关照老幼病残孕乘客。

公共汽车发生火灾时，要用衣物捂好口鼻以防止吸入烟雾，车辆停稳后立即从车门、车窗或天窗等出口逃生，紧急情况下应正确使用公共汽车中的应急装置。因火势和烟雾随空气上升，所以逃生时应低头弯腰俯身前行，避免大喊大叫，防止吸入烟雾。

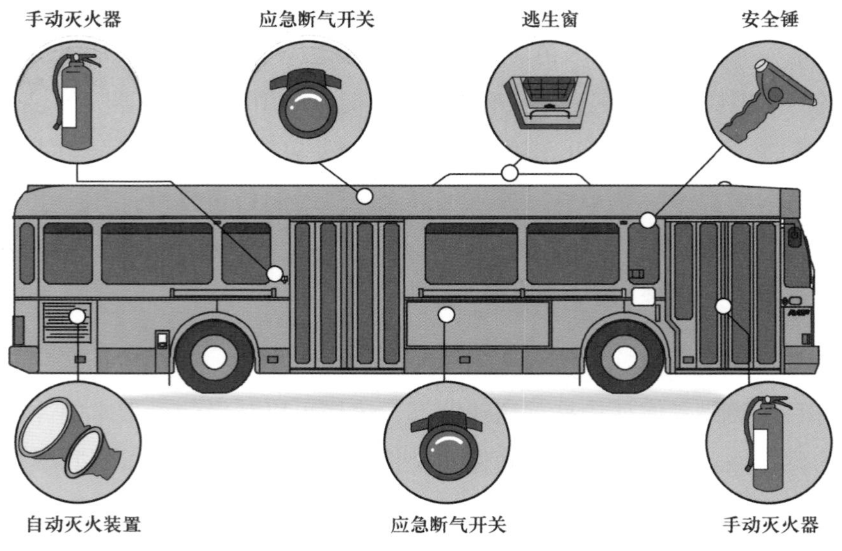

公共汽车上的应急装置

（2）铁路事故。在发生铁路事故时，乘客应保持镇静，听从工作人员指挥。当感觉火车发生剧烈抖动、有可能脱轨或发生其他危险时，立即就近抓住座椅、扶手、栏杆等构件稳定身体，不要在过道上随意走动，注意保护好头部等身体关键部位。车厢发生颠覆时，用车厢中的消防锤砸破车窗逃生，注意防止触电和跳窗时摔伤，应从列车运行左侧方向跳出逃生，防止被邻线来车所伤。发生火灾时，用湿毛巾等捂住口鼻，在工作人员指挥下有序撤离到安全地带，同时防止发生二次伤害。

（3）航空事故。登机后，熟悉机上安全出口和应急设施，认真收听有关航空安全知识，按要求系好安全带。因飞行高度发生变化引起耳中压迫感和轰鸣感时，可小口喝水、进食或做吞咽动作，以保持耳腔内气压平衡。飞行过程中，如飞机遇气流发生颠簸，不要离开座位随意走动，确认系紧安全带并注意保护头部。突发事故时应保持冷静，在乘务员指导下有组织地采取安全自救措施，在飞机紧急着陆或迫降后有序撤离。

3. 道路交通安全设施

（1）道路交通信号灯。道路交通信号灯由红灯、绿灯、黄灯组成，红灯表示禁止通行，绿灯表示准许通行，黄灯表示慢行或警示。交通信号灯分为机动车信号灯、非机动车信号灯、人行横道信号灯、车道信号灯、方向指示信号灯、闪光警告信号灯、道路与铁路平面交叉道口信号灯等。

道路交通信号灯

交通标志

（2）交通标志。交通标志有禁令标志、指示标志、警告标志、指路标志、旅游区标志、告示标志、辅助标志等。设置交通标志的目的是给道路通行人员提供确切的信息，保证交通安全畅通。高速公路上车速高、车道数多、标志尺寸比一般道路上的大得多。

（3）道路交通标线。道路交通标线有指示标线、禁止标线、警告标线、突起路标、轮廓标等，是由施划或安装于道路上的各种线条、箭头、文字、图案及立面标记、实体标记、突起路标和轮廓标等所构成的交通设施，可以与交通标志配合使用，也可以单独使用。道路交通标线的作用是向道路使用者传递有关道路交通的规则、警告、指引等信息，颜色为白色、黄色、蓝色或橙色，路面图形标记中可出现红色或黑色的图案或文字。例如，白色虚线，划于路段中时，用以分隔同向行驶的交通流；划于路口时，用以引导车辆行进。白色实线，划于路段中时，用以分隔同向行驶的机动车或非机动车，或指示车行道的边缘；划于路口时，用作导向车道线或停止线，或用以引导车辆行驶轨迹；划为停车位标线时，指示收费停车位。

白色虚线

白色实线

黄色虚线

黄色实线

道路交通标线

（4）安全护栏。安全护栏的主要作用是阻止车辆越出路外，防止车辆穿越中央分隔带闯入对向车道，同时还能起到诱导驾驶员视线的作用。

（5）隔离栅。隔离栅是高速公路的基础设施之一，它使高速公路实现全封闭，阻止人畜进入高速公路。隔离栅可有效地排除横向干扰，避免由此产生的交通延误或交通事故，保障高速公路的通行效率。

安全护栏

隔离栅

（6）道路照明。道路照明是指为道路及其附属设施设置的照明，主要用于提高夜间车辆行驶和行人行走的安全性，防止发生交通事故。道路照明大致可分为连续照明、局部照明及隧道照明。

道路照明

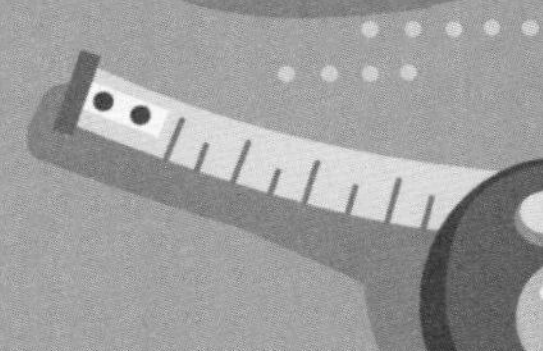

第6节 高处作业事故工伤预防

学习目标

- 了解高处作业的概念、高处作业事故的分类以及高处作业事故发生的原因。
- 掌握高处作业事故防范对策以及高处坠落应急措施。
- 熟悉高处作业安全设施。

一、高处作业及其事故类型

1. 认识高处作业

在坠落高度基准面2米或2米以上有可能坠落的高处进行的作业，称为高处作业。高处作业类型包括临边作业、洞口作业、攀登作业、悬空作业以及交叉作业。

临边作业指的是在工作面的边缘无围护设施或围护设施高度低于0.8米的高处作业，例如，在坑基周边或无护栏的平台上进行作业。

高处作业

洞口作业指的是在地面、楼面、屋面和墙面等有可能使人和物料坠落，其坠落高度大于或等于2米的洞口处的高处作业。

攀登作业是指借助登高用具或登高设施进行的高处作业。

悬空作业是指在周边无任何防护设施或防护设施不能满足防护要求的临空状态下进行的高处作业，其特点是操作者缺乏立足点或者没有牢固的立足点。

交叉作业是指垂直空间贯通状态下，可能造成人员或物体坠落，并处于坠落半径范围内、上下左右不同层面的立体作业。

临边作业

洞口作业

攀登作业

悬空作业

交叉作业

2. 高处作业事故分类

高处作业事故可大致分为 4 类，分别为高处坠落、触电、火灾以及物体打击。其中，高处坠落事故最为常见。

（1）高处坠落。高处坠落事故一般发生在建筑工地、桥梁、高架设施、悬崖边缘、屋顶等高处工作的场所，会导致严重的人员伤害甚至死亡，事故发生的原因可能为安全带、安全绳的缺失，梯具不稳，吊绳老化等。

（2）触电。高处作业中的触电事故是指在高处作业过程中，作业人员因接触电气设备或线路而导致电流通过身体而受伤或死亡的事故，一般发生在建筑工地、电力线路、桥梁、高架设施等需要使用电气设备的场所。

（3）火灾。高处作业中发生火灾可能导致严重伤害甚至生命危险。这类事故可能由多种因素引起，主要包括焊接及动火作业、电气设备故障、操作失误、设备维护不善等。

（4）物体打击。高处作业中物体打击是指从高处掉落的工具、材料或其他物体对人体造成伤害的事故。这类事故一般发生在建筑工地、工厂、仓库等高处作业场所。

3. 高处作业事故发生原因

高处作业事故发生原因见表 2–2。

表 2-2　高处作业事故发生原因

原因分类	原因描述
人的因素	（1）作业人员自身原因，包括疾病、生理缺陷等 （2）作业人员过度疲劳，注意力涣散 （3）违规操作，忽视安全、警告 （4）作业人员对安全操作技术不熟悉 （5）安全意识淡薄，未按规范使用劳动防护用品
物的因素	（1）脚手架板铺设不合格 （2）材料质量存在缺陷，不符合设计施工要求 （3）安全装置失效或设置不规范 （4）脚手架未设置防护栏，或防护栏损坏 （5）劳动防护用品存在质量缺陷 （6）未设置安全网或安全网损坏，无防护设施或防护设施损坏
环境的因素	（1）恶劣天气 （2）光线不足
管理的因素	（1）脚手架搭设无方案，或方案未经审批 （2）安全生产教育和培训工作不到位 （3）现场安全监护、安全检查工作不到位 （4）未配备足够的安全监督管理人员 （5）安全措施费用投入不足 （6）安全规章制度不健全

二、高处作业事故防范与应急处置

1. 高处作业事故的防范措施

（1）正确规范使用劳动防护用品。凡在 2 米或 2 米以上的悬空作业，应佩戴安全带，作业过程中应随时检查安全带是否拴牢。高处作业人员在转移作业位置时不得失去安全防护。安全带应高挂低用，并应扣牢在牢固的构件上。缺少或不宜设置安全带吊点的工作场所应设置生命线。

（2）操作平台应搭设规范，符合安全要求。操作平台可分为固定操作平台（脚手架等）和移动式操作平台。脚手架搭设应编制专项施工方案，应符合《施工脚手架通用规范》，经监理项目部验收合格后方可使用。操作平台四周应设置防护栏杆，脚手板应铺满、铺稳、铺实、铺平并绑牢或扣紧，严禁出现大于 20 厘米探头

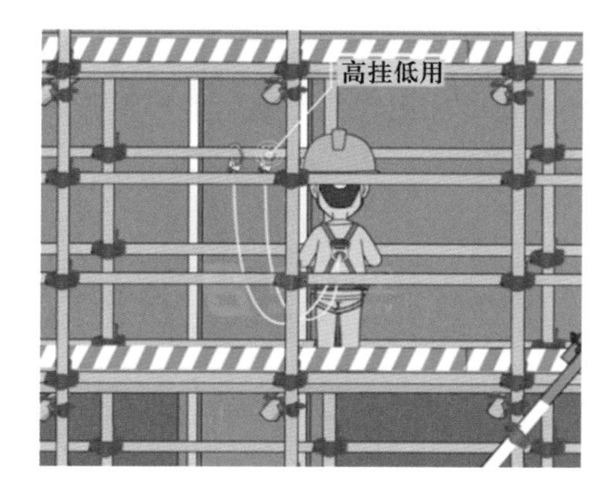

板。脚手架搭设人员应持证上岗并正确佩戴和使用劳动防护用品。移动式操作平台的轮子应有自锁功能并保证自锁力矩，移动时，平台上不得站人。

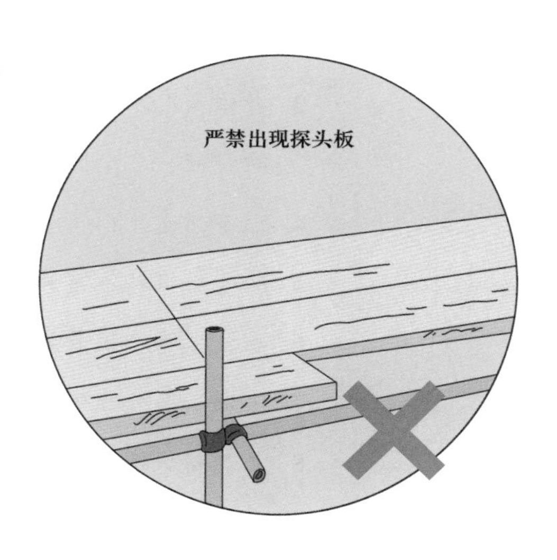

（3）临边防护。临边作业场所应设置防护栏杆，防护栏杆应装设不低于 1.2 米高的护栏（0.5 ~ 0.6 米处设腰杆），并设 18 厘米高的挡脚板，立杆间距不应大于 2 米，底端应固定牢固。当屋面女儿墙高度小于 0.8 米、坠落面的高差大于 2 米时，也应设置临边防护。防护栏杆应采用密目式安全立网或工具式栏板封闭，采用密目式安全立网时，网间连接应牢固、严密。当高处作业的屋面坡度大于 25° 时，防护栏杆高度应不低于 1.5 米。

（4）作业场所洞口防坠落措施。作业场所的洞口分为大洞口和小洞口。大洞口一般为短边尺寸大于或等于 1.5 米的洞口，小洞口一般为短边尺寸小于 1.5 米的洞口。对于小洞口可使用硬质盖板进行覆盖，盖板应满足一定的强度，满足承载力要求，盖板上应刷警示漆以标示。对于大洞口可采取设置防护栏杆的方式进行隔离，防护栏杆距离洞口边不得小于 20 厘米，洞口应用安全平网封闭。对于窗台口的高度低于 0.8 米的，可采用加设横杆进行防护，防护栏杆距地面的高度应为 1.2 米。

（5）电梯井口处防坠落措施。电梯井口应设置防护门，其高度不应小于 1.8 米，防护门底端距地面高度不应大于 50 毫米，并应设置 18 厘米的挡脚板；防护门应设置醒目的“当心坠落”“注意安全”安全警示标志。在电梯施工前，电梯竖井内应每隔两层且不大于 10 米设置一道安全网。

拓展阅读

施工现场高处作业“十不准”

1. 安全帽未系牢和安全带未挂牢不准作业。
2. 身体状况不适应不准从事高处作业。
3. 防护栏、安全网防护不到位不准作业。
4. 上下通道（梯子）不牢固不准上下攀登。
5. 脚手板绑扎不牢固不准作业。
6. 悬挂式脚手架悬挂点不牢固不准作业。
7. 不准从高处往下跳或奔跑作业。
8. 工具材料不准水平和上下抛掷。
9. 六级及以上强风和恶劣天气下不准作业。
10. 其他安全措施不完备不准作业。

2. 高处坠落应急处置措施

如果不慎从高处坠落，下落过程中应尽力抓住边缘的物体，起缓冲作用；竭尽全力放松身体，双腿并拢屈膝，以缓解冲击伤害；落地时设法从侧面或前面倒下。人体落地反弹时，应用双手扣住后脑勺或者脖子，防止头部受伤。对高处坠落伤者应就地实施应急救护措施；如果伤情严重，立即拨打“120”急救电话求助。

拓展阅读

高处坠落事故防范要点

1. 要避免高处坠落事故，必须配齐安全帽、安全带和安全网，它们被称为建筑施工“三宝”。

2. 高处作业人员一年需要进行一次职业健康检查，若患有器质性心脏病、癫痫病、美尼尔氏症、眩晕症、癔症、震颤麻痹症、精神病、痴呆症以及其他妨碍从事高处作业的疾病和生理缺陷，则不可从事高处作业。

3. 高处作业人员的衣着要符合规定，不可赤膊裸身；应穿软底防滑鞋，绝不能穿拖鞋、硬底鞋和易滑的靴鞋；操作时要严格遵守各项安全操作规程和劳动纪律。

4. 高处作业为特种作业，工作危险性比较大，高处作业人员必须经专门的安全技术培训并考核合格，取得特种作业操作证后方可上岗作业。

5. 高处作业中所用的物料应该堆放平稳，不可放置在临边或洞口附近，也不可妨碍通行和装卸。

3. 高处作业安全设施

（1）平台设施。高处作业尽可能采用操作平台、升降机和脚手架等作为安全作业平台，平台上作业时配合使用全身式安全带。无围护的屋顶、大型设备顶部、平台等临边作业必须采取临边防护措施（限制工作区域或设置防护栏杆）。

升降机

（2）个人防坠落装置。个人防坠落装置包括生命线和速差自控器等。

生命线是一根垂直或水平的系索，固定在一个挂点或两个挂点之间，可以在其上挂安全绳或安全带。生命线可以分为垂直生命线和水平安全线。

速差自控器（安全葫芦）为安装在挂点上，装有可伸缩长度的绳，串联在系带和挂点之间的坠落时因速度变化引发制动作用的部件。上下移动距离不大于 10 米时，可使用安全葫芦代替垂直生命线。

生命线和速差自控器

（3）梯子。应根据最大工作载荷选择梯子，确保梯子在使用中不过载，同时应确保梯子高度足够。梯子不应放置在门的向外开方向的前面（除非门被锁住）。不能将梯子水平摆放使用，如当作脚手架。较长梯子需两人一同搬运，经过走廊或转角时要放慢速度。梯子不用时要横放在地上。

折叠梯

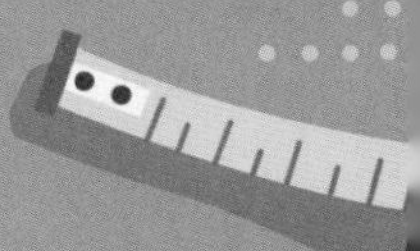

第7节 有限空间作业事故工伤预防

学习目标

- 了解有限空间作业概念。
- 了解有限空间作业的特点以及有限空间作业事故的类型。
- 掌握有限空间作业事故防范措施。

一、有限空间作业及其事故类型

1. 有限空间作业概述

有限空间指的是进出口受限，通风不良，可能存在易燃易爆、有毒有害物质或缺氧，对进入人员的身体健康和生命安全构成威胁的封闭、半封闭设施及场所。有限空间作业是指作业人员进入有限空间进行的作业活动。

粮仓

按照有限空间的特性，可以将有限空间分成 3 种类型，分别为地上有限空间、地下有限空间和密闭设备有限空间。地上有限空间包括储藏室、酒糟池、发酵池、垃圾站、温室、粮仓、料仓等；地下有限空间包括地下管道、地下室、地下仓库、地下工程、暗沟、隧道、涵洞、地坑、废井、地窖、污水池（井）、沼气池、化粪池等；密闭设备有限空间包括压力容器、压力管道、储罐、反应塔（釜）、船舱、冷藏箱以及车载槽罐等。

污水井

反应釜

有限空间作业事故是指在实施有限空间作业过程中发生的事故。检修、清理、检查处理故障和设备安装等需要派人进入有限空间内开展作业活动，由于有限空间内部通风不良，作业人员在其中作业时易受到有毒有害物质的影响产生缺氧、中毒现象，若施救不及时将导致死亡事故发生。

2. 有限空间作业的特点

（1）危险性大。有限空间的危险性主要体现在有毒有害气体方面，这些气体主要包括单纯性窒息气体、化学性窒息气体、易燃易爆气体，这些气体可导致人员发生急性中毒窒息事故，或遇到火源发生火灾爆炸致人死亡。有限空间作业还可能发生机械伤害、触电、淹溺、高温烫伤、低温冻伤等事故。

（2）隐蔽性强。有限空间中危险因素往往具有一定的隐蔽性，主要体现在一些气体无色无味，危险性看不见摸不着；有一些气体具有麻醉性，如硫化氢；还有一些气体溶解后缓慢释放，人们容易忽视其存在危险性。这些危险气体的隐蔽性越强，作业风险越大。

（3）环境复杂。有限空间具有空间狭小、出入不便、路线曲折、通风不良、照明不良、通信不畅等特点，作业环境十分复杂，不利于作业和救援。

（4）临时性作业。有限空间是作业人员不能长时间在内工作的空间，有限空间作业多是临时性作业。进入有限空间进行临时性作业时，往往会对危险因素辨识不清，安全防护措施不到位。

（5）冒险盲目施救。有限空间作业事故发生后，往往由于救援人员不了解正确的救援方法，在缺乏个体防护措施的情况下进入有限空间施救，造成伤亡人数扩大。

3. 有限空间事故类型

（1）中毒和窒息事故。有限空间易造成有毒有害气体积聚，使作业人员因有毒气体引发中毒窒息。有限空间内产生或积聚的一定浓度的有毒气体被作业人员吸入后，会引起人体中毒事故，常见的有毒气体有硫化氢、一氧化碳、氯气等。有限空间内的空气中氧气含量不足时，会引起作业人员窒息。

拓展阅读

缺 氧 窒 息

空气中氧含量的体积分数约为 20.9%，低于 19.5% 时就是缺氧，缺氧会对人体多个系统及脏器造成影响，甚至致人死亡。

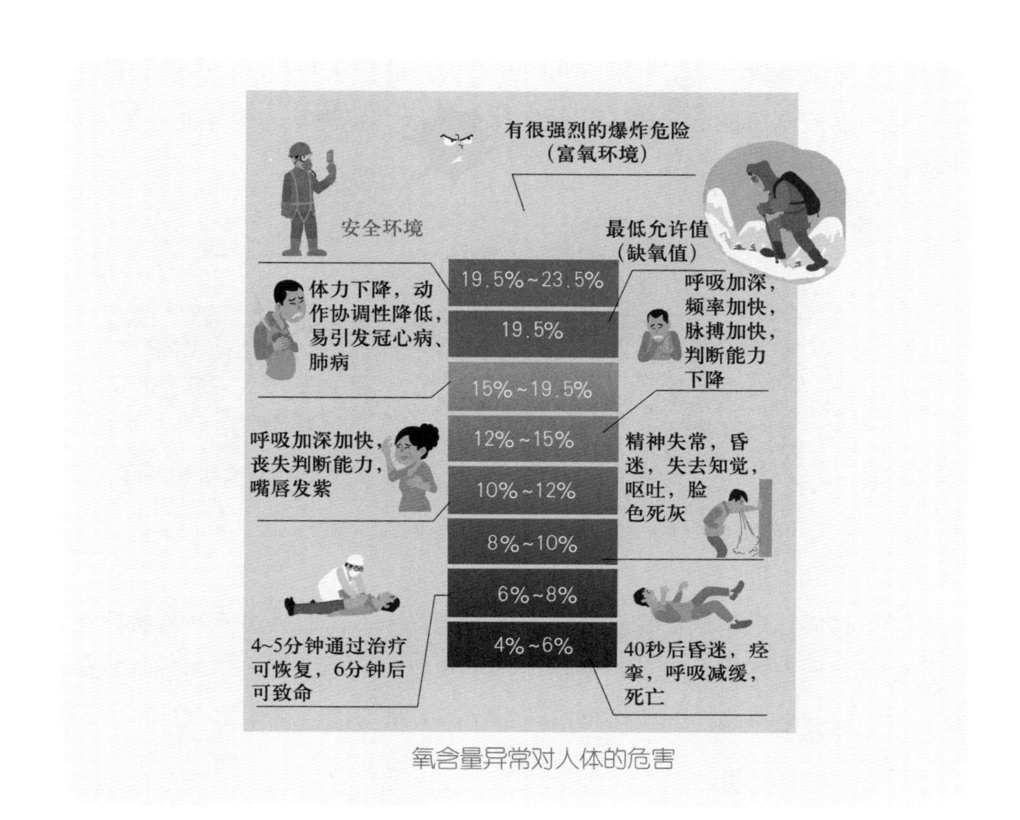

氧含量异常对人体的危害

（2）火灾爆炸事故。在有限空间内存在可燃性液体、气体，且达到燃点或爆炸极限后，遇到作业中产生或意外出现的明火、电火花等火源将发生火灾爆炸事故。例如，焊接中产生的电火花易引发火灾爆炸事故。

（3）触电事故。部分有限空间的电线绝缘不良，且没有做好相关防护措施，当湿度较大时，使用电器容易引发触电事故。

（4）淹溺事故。很多有限空间内部有大量的积水和积液，作业人员在作业过程中容易引发淹溺事故。另外，流动固体如泥沙、谷物等，同样能产生人员“淹溺”事故。

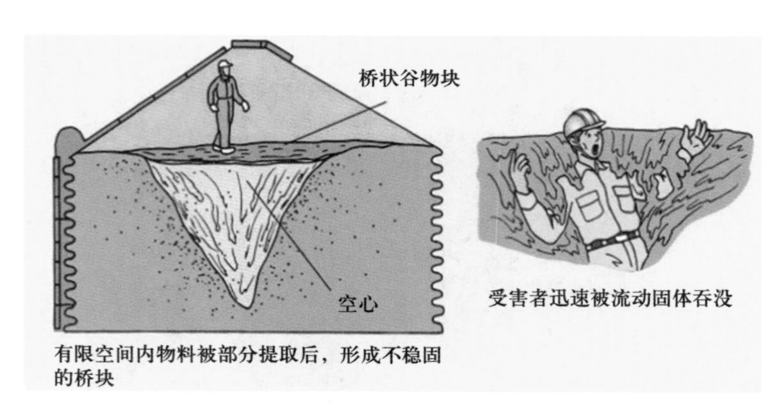

（5）物体打击事故。在有限空间作业过程中，作业人员不严格按照操作规程进行作业或是操作不当，容易引发物体打击事故，例如，有限空间外部物体掉入有限空间内，或有限空间内部物体掉落，对作业人员造成人身伤害。

（6）坍塌事故。有限空间在外力或重力作用下，可能因超过自身强度极限或因结构稳定性被破坏而引发坍塌事故。人员被坍塌的结构体掩埋后，会因压迫导致伤亡。

（7）其他事故。除前6项外，有限空间作业还可能发生灼伤、腐蚀、机械伤害、中暑、高温烫伤、低温冻伤等事故。

二、有限空间作业事故防范

1. 有限空间作业事故发生原因

一般有限空间作业事故的发生是多种因素共同作用的结果，主要包括人的因素、物的因素、环境的因素和管理的因素。

（1）人的因素。人的因素主要涉及企业负责人、安全管理人员、作业人员和应急救援人员，主要体现为：企业负责人不重视安全生产工作，忽视有限空间的风险，未能有效落实安全管理措施；安全管理人员未能履行安全管理职责，教育和培训不落实，监管不到位；作业人员和应急救援人员安全意识不足，安全技能不熟练，存在冒险、侥幸心理。

（2）物的因素。有限空间中存在有毒有害、易燃易爆物质是导致人员伤亡的直接因素。其来源是多方面的，例如，作业前未对有毒有害、易燃易爆物质进行充分辨识，未进行隔离隔断和吹扫清洗等。

（3）环境的因素。在作业前未进行通风、置换或气体检测，作业时通风条件不符合作业要求等。

（4）管理的因素。未建立和完善有限空间作业安全管理制度，例如有限空间相关管理人员疏于职守，未能在作业前进行风险辨识和分析，未能严格履行有限空间作业审批手续，未采取安全预防措施并对作业条件逐项确认，未落实应急救援措施等。这些管理上的缺陷都可能导致有限空间作业事故。

案例分析

2021年6月，四川省某食品公司在准备抽排污水处理站污水作业时，发生一起较大中毒窒息事故，造成6人死亡。该食品公司3名职工在污水处理站接触氧化间进行抽排污水作业准备时，吸入硫化氢等有毒有害气体后中毒，坠入曝气生物滤池内，随后3名施救人员盲目入池施救，导致事故伤亡扩大。

点评：在接触氧化间准备抽排污水作业时，作业人员在未开启抽风机进行通风、未采取防护措施的情况下，进入硫化氢等有毒有害气体逸出积聚的相对密闭空间，吸入硫化氢等有毒有害气体导致中毒窒息，施救人员盲目施救导致事故扩大。

该公司未建立有限空间管理台账和作业台账，未落实有限空间

作业安全审批制度，未设置明显的安全警示标志，现场未配备劳动防护用品。作业人员未遵守有限空间作业“先通风、后检测、再作业”的原则，未安排相关管理人员进行现场监护作业，在未采取防护措施的情况下，违规进入硫化氢等有毒有害气体逸出积聚的相对密闭空间作业，造成事故发生。

该公司应进一步健全完善安全监管体系，严格落实安全生产考核、警示约谈、诫勉谈话、通报等制度，推动安全生产工作责任落实；扎实开展有限空间作业专项整治，开展有限空间风险辨识评估，建立有限空间安全管理台账，切实摸清有限空间的数量、分布、致害因素及其管控措施等情况。

2. 有限空间作业事故防范措施

（1）进入有限空间前，必须进行作业审批，未经审批的情况下，不得擅自进行有限空间作业。

（2）作业前要进行风险辨识，明确风险评估内容，如有限空间类别、潜在的安全风险等。对安全防护设备、劳动防护用品、应急救援装备、作业设备和工具要进行齐全性和安全性的检查。

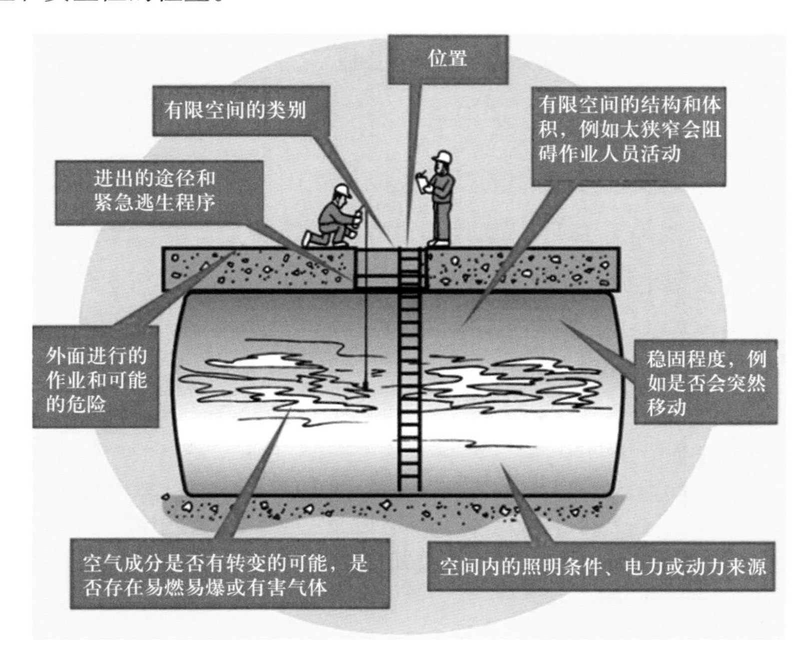

（3）进行安全隔离。存在可能对有限空间作业安全构成威胁的设备、设施、物料和能源时，应采取可靠的封闭、封堵和切断能源等隔离措施，并上锁、挂牌，指定专人看管。

（4）进行清洗或置换。当盛装或残留的物料对作业有潜在危害时，必须在进行作业前对这些物料进行清洗、清空或者更换。

（5）通风。在进行通风时，需要输送干净的空气，严禁使用纯氧。

（6）检测气体。必须按规定对有限空间进行安全处理，对易燃易爆、有毒有害气体和氧含量进行检测分析，只有当气体浓度检测合格时，才能进入作业。

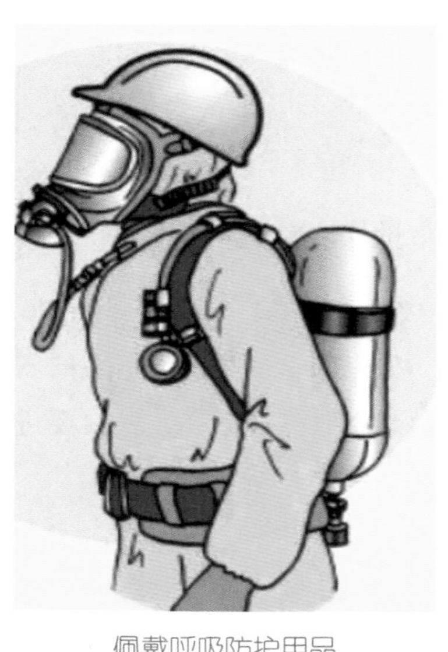

佩戴呼吸防护用品

（7）人员防护。检测结果合格后，作业人员在进入作业区域之前，必须根据作业环境的要求选择合适的劳动防护用品和安全防护设备。

在缺氧或有毒环境下，要佩戴呼吸防护用品，保护呼吸系统免受毒气、烟、雾、尘等侵害，必要时作业人员应系挂救生绳；在易燃易爆环境下，必须穿着全套防静电工作服、工作鞋，使用防爆型低压灯具和不产生火花的工具；在存在酸碱等腐蚀性介质的环境下，必须穿戴防酸碱工作服、耐酸碱鞋（靴）、防护手套、防护眼镜等劳动防护用品。

（8）照明及用电安全。照明电压应小于或等于 36 伏，在潮湿容器、狭小容器内作业电压应小于或等于 12 伏。使用超过安全电压的手持电动工具作业或进行电焊作业时，应配备漏电保护器。在潮湿容器中，作业人员应站在绝缘板上，同时保证金属容器接地可靠。

（9）监护。必须安排具备基本救护技能和作业现场应急处理能力的人员进行全过程监护。监护人员应会同作业人员检查安全措施，统一联系信号。监护人员不得脱离岗位，并应掌握有限空间作业人员的人数和身份，对人员和工器具进行清点。

（10）安全警示标志。应用围栏将限制作业区域封闭起来，并在进出口处醒目地设置安全警示标志或告示牌。

专人监护

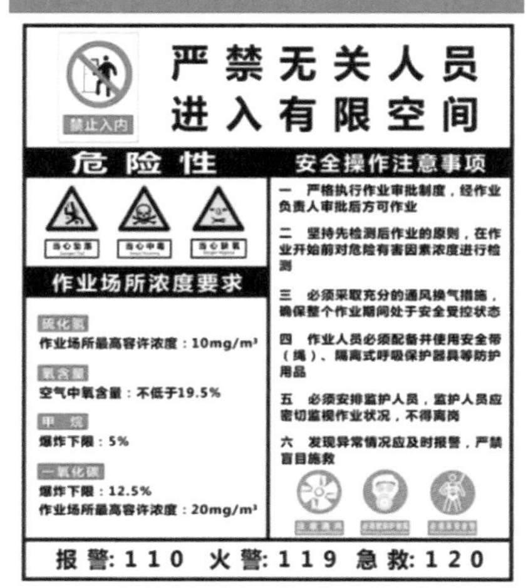

（11）制定有限空间作业事故应急预案。应急预案可保证在发生事故后，能及时有效地开展事故救援，以最大限度减少人员伤亡。要按照需要配备应急救援器材并进行有效维护，保证随时可用。应定期进行应急演练，锻炼救援队伍，检验应急预案的可行性和有效性。

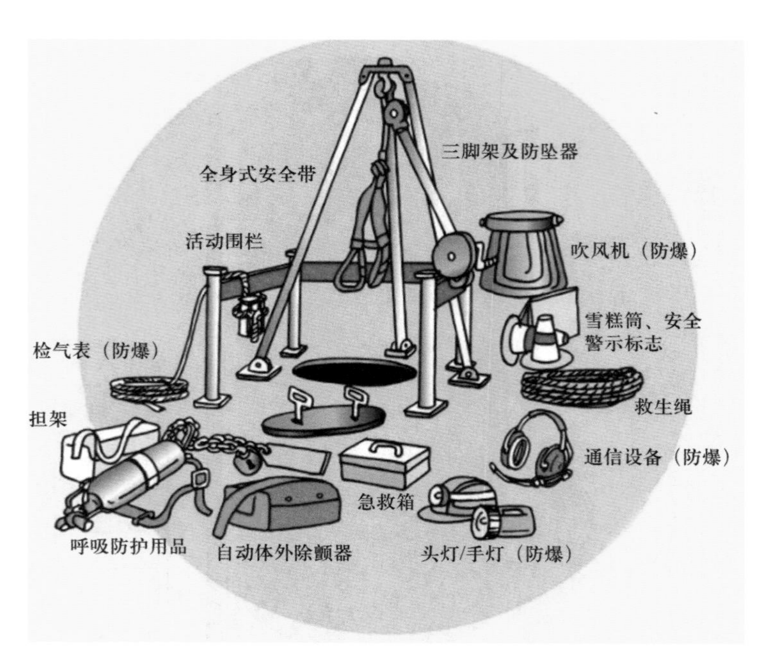

应急救援器材

拓展阅读

有限空间作业“八防”

1. 防窒息。作业人员必须严格落实呼吸防护措施。

2. 防中毒。有限空间存在有毒有害气体时，作业人员必须严格落实呼吸和躯体防护措施，并尽量减少对有限空间内水体的扰动。

3. 防爆燃。有限空间存在易燃易爆气体时，作业人员必须穿着全套防静电工作服、工作鞋，使用防爆器具。

4. 防溺水。地下有限空间存在较深水层或过水流量较大时，救援过程中，严禁擅自组织潜水作业。

5. 防坠落。下井作业人员必须采取双绳保护措施，绳索应避开尖锐部位或采取护套保护。

6. 防砸伤。地面开口部位必须实施保护，防止坠落物砸伤井下作业人员。

7. 防倒塌。地面开口部位必须减少现场人员数量，不得在其附近停放或移动车辆，减少震动和承载。存在坍塌风险的井壁或横向救生通道必须进行可靠的支撑加固。

8. 防意外。作业人员应尽量避开尖锐或高温物体，严防触电、蛇虫叮咬等意外情况。

第8节 实验（实训）室事故工伤预防

学习目标

- 了解实验（实训）室事故类型。
- 掌握实验（实训）室常见事故应急处置和防范措施。

一、实验（实训）室事故类型

实验（实训）室事故主要类型有火灾事故、爆炸事故、毒害事故、放射源辐射事故和仪器设备事故等。

1. 火灾事故

火灾事故具有普遍性，几乎所有的实验（实训）室都可能发生。

酿成这类火灾事故的直接原因包括：忘记关电源；在实验中，离开实验室的时间较长，致使设备或用电器通电时间过长，温度过高；操作不慎或使用不当，使火源接触易燃物质；供电线路老化、超负荷运行，导致线路发热；乱扔未熄灭的烟头引燃易燃物质等。

忘记关电源

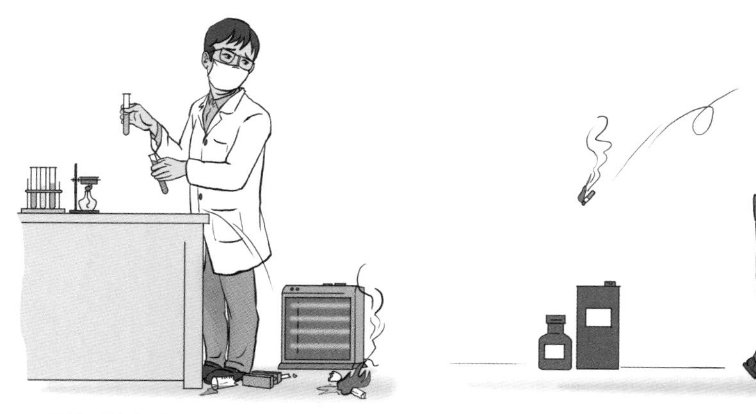

操作不慎或使用不当，使火源接触易燃物质，引起火灾

乱扔的烟头接触易燃物质，引起火灾

2. 爆炸事故

爆炸事故多发生在具有易燃易爆物品和压力容器的实验（实训）室。酿成这类事故的直接原因包括：违反操作规程，引燃易燃物品，进而导致爆炸；设备老化，存在故障或缺陷，造成易燃易爆物品泄漏，遇火花而引起爆炸等。

违反操作规程，导致爆炸

3. 毒害事故

毒害事故多发生在具有化学药品和有毒物质的化学实验（实训）室和具有毒气排放的实验（实训）室。酿成这类事故的直接原因包括：违反操作规程，将食

物带进实验（实训）室，造成误食中毒；设备、设施老化，存在故障或缺陷，造成有毒物质泄漏或有毒气体排放不当；管理不善，造成有毒物品散落流失，引起环境污染；废水排放管路受阻或失修，造成有毒废水未经处理而排放，引起环境污染等。

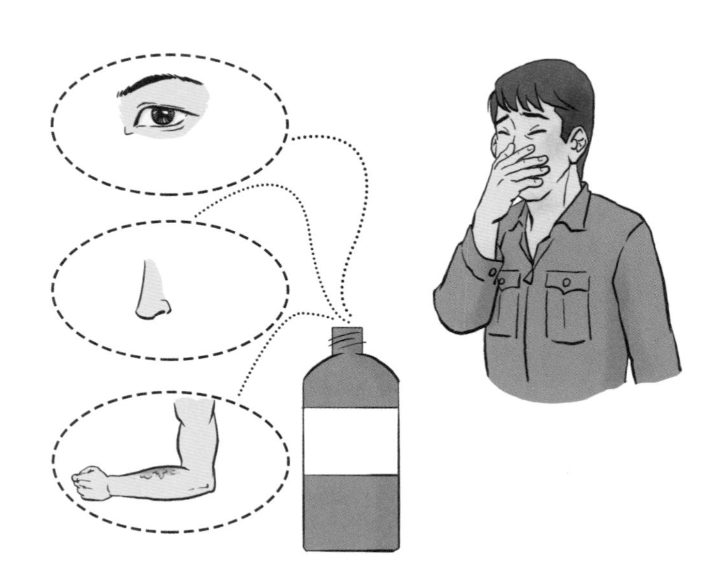

4. 放射源辐射事故

这类事故主要表现为：短时间大剂量的射线照射导致人员机体的病变；长时间小剂量的射线照射可能引起机体的病变；大量吸入放射性物质，可能导致人体中毒。因此，当看见电离辐射标志时就表示有放射源存在，应及时远离。

5. 仪器设备事故

仪器设备事故可分为仪器设备伤人事故和仪器设备损坏事故。仪器设备伤人事故多半是由于操作不当，违反防护措施，缺乏保护装置所致。仪器设备损坏事故多发生在用电加热的实验室，直接原因包括：由于线路故障或雷击造成突然停电，致使被加热的介质不能按要求恢复原来的状态而造成仪器设备损坏；高速运动的仪器设备因违规操作而发生碰撞或挤压，导致受损等。

二、实验（实训）室常见事故应急处置

1. 火灾

火灾发生时，应当采取相应措施。一旦发现初起火灾，现场人员应根据火情的不同，立即使用灭火器、灭火毯、沙箱等工具进行灭火。如果火势蔓延，不要惊慌失措或盲目乱跑，应当立即拨打“119”电话报警，并通知建筑内所有人员沿消防通道紧急疏散。在疏散过程中，应当避免乘坐普通电梯，用湿毛巾等捂住口鼻，放低身姿，浅呼吸，并快速向安全出口撤离。人员撤离后，应立即组织清点人数，确认是否全部撤离。如果有人员受伤，应立即拨打“120”急救电话求助。

2. 爆炸

在实验（实训）室发生爆炸事故时，相关人员应立即采取紧急措施。首先，现场工作人员或周边人员应在可能的情况下立即切断电源和关闭管道阀门。其次，迅速组织人员撤离，并立即向相关部门报告并报警。现场应急处置前，应迅速了解爆炸可能的原因，并尝试采取措施控制危险源，必要时等待专业救援人员到来。最后，及时清点人数，对受伤人员进行现场应急救护。同时，禁止无关人员进入事故现场，做好现场保护，等待有关部门进行勘察，查明事故原因。

火灾逃生方式

3. 中毒

在面对中毒事故时，应根据不同中毒方式采取相应的急救措施。对于吸入中毒，若发生有毒气体泄漏，应立即启动排气装置将有毒气体排出，同时打开门窗换气。如果已经吸入毒气导致中毒，应立即将中毒者移到空气清新处，确保其呼吸新鲜空气，并立即送医院治疗。对于经口中毒，应立即催吐，反复漱口，并迅速送医治疗。对于经皮肤中毒，应立即将患者转移出中毒场所，脱去被污染的衣物，用大量清水冲洗皮肤（对于黏稠毒物应使用大量肥皂水冲洗），之后及时送医治疗。

4. 触电

在发生触电事故时，应采取以下急救措施。首先，立即切断电源或拔下电源插头。如果无法及时切断电源，可以使用绝缘物品将电线挑开，但在未切断电源之前，切不可用手去拉触电者，也不可用金属或潮湿的东西挑电线。其次，触电者脱离电源后应使其就地仰面平躺，禁止摇动其头部。最后，检查触电者的呼吸和心搏情况，若呼吸停止或心脏停搏，应立即施行人工呼吸或胸外心脏按压进行急救，并立即拨打“120”急救电话求助。

5. 机械伤害事故

机械伤害事故发生时，应采取以下应急处理措施。立即关闭机械设备，停止现场作业活动。如果有人员被机械设备等卡住，应立即拨打“119”电话报警，请求消防救援部门采取解救措施，并向本单位领导报告。然后，将伤员放置到平坦的地方，实施现场紧急救护。对于轻伤员，应经过预处理后再送医院检查；对于重伤员和危重伤员，应立即拨打“120”急救电话送医院抢救。如果出现断肢、断指等情况，应立即用冰块等将断肢、断指封存，并将其与伤者一起送至医院。最后，检查周边其他设备，防止机械破坏导致的漏电、高处坠落、爆炸等危险情况，防止事故进一步蔓延。

拓展阅读

化学灼伤紧急处置措施

第一时间用水龙头或喷淋器冲 15 分钟以上，使化学物质稀释并借助冲洗时的机械力作用，把化学物质冲掉。应针对不同化学品类型采取相应的方法处理，现场处理后立即就医。

对于酸类灼伤，用大量清水冲洗后，再用 3%～5% 的碳酸氢钠溶液清洗，最后用水冲洗。若溅入眼内，应翻开眼睑，用洗眼器持续冲洗 15 分钟以上，不要用手揉眼。

对于碱类灼伤，用大量清水冲洗后，再用 2% 的硼酸或 2% 的醋酸溶液冲洗，最后用水冲洗。

三、实验（实训）室事故防范

1. 个人防护要点

（1）进行实验（实训）前，应先熟悉实验（实训）装置的性能以及仪器设备和各项急救设备的使用方法，查阅实验所用物质的理化性质，了解实验（实训）楼的楼梯和出口、实验（实训）室内的电气总开关、灭火器具和急救药品的位置，以便发生事故能及时采取相应的防护、应急避险措施。

（2）进入实验（实训）室必须按规定穿戴必要的实验（实训）服，头发及松散衣服需要妥善固定，不应穿短裤、短裙、凉鞋和拖鞋，实验（实训）室只能穿不露脚趾的鞋。应按要求佩戴防护口罩、护目镜、手套等。

（3）进行实验（实训）时，应尽量避免能与空气形成爆炸混合气的气体散失到室内空气中，同时应保持室内通风良好，不使危险气体在室内积聚而形成易燃易爆混合气。实验需要使用某些与空气混合有可能形成爆炸性气体时，室内应严禁明火和使用可能产生电火花的电器等。

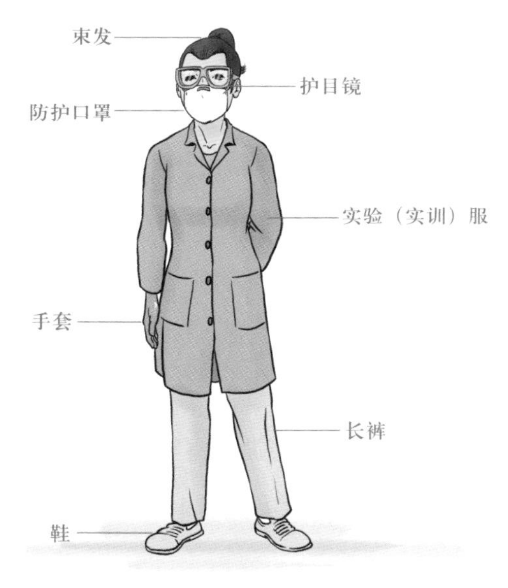

（4）在进行实验（实训）过程中要接触和使用各类电气设备，因此必须了解使用电气设备的安全知识。实验（实训）前先检查用电设备，再接通电源；实验（实训）结束后，先关闭仪器设备，再关电源；离开实验（实训）室或遇上突然断电的情况，应关闭电源，尤其要关闭加热电器的电源开关；不使用损坏的电源插座。

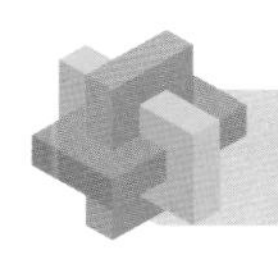

案例分析

2021 年 7 月，实验室助理周某正在根据企业制定的实验反应流程作业指导书进行作业。9 时 35 分，他开启了齿轮泵，设定滴加乙烯基三甲氧基硅烷模式后，来到实验室门口与品检部卫生清扫人员王某闲聊。在闲聊时，王某看到有气态物质向上喷出并发出“滋滋”异响，随即提醒，此时周某也发现了异常情况，用上衣捂住口鼻进到实验室排除异常后，对王某摆手示意说“没事了”，突然，发生爆炸事故。

点评：滴加速度过快引起温度失控，达到沸点剧烈汽化，双层玻璃反应釜内部压力升高后，釜盖开口被冲开，气体大量外溢充斥整个实验室，在空气中形成爆炸性混合物。周某在情急下接通工业冷水机电源，爆炸性混合物在爆炸极限内遇非防爆插座产生的电火花后发生爆炸。

2. 实验（实训）注意事项

（1）防止发生火灾事故

1）操作和处理易燃易爆溶剂时，应远离火源。对易燃易爆固体的残渣，必须小心销毁。严禁乱丢未熄灭的火柴梗。对于易发生自燃的物质，不能随意丢弃，以免形成火源，引起火灾。

2）实验（实训）前，应仔细检查仪器装置是否正常、严密。常压操作时，切勿造成系统密闭，否则可能会发生爆炸。对沸点低于 80 ℃的液体，一般蒸馏时应采用水浴加热，不能直接用火加热。操作中，应防止有机物蒸气泄漏，更不要用敞口装置加热。

3）实验（实训）室里不允许存放大量易燃物。

（2）防止发生爆炸事故

1）对某些容易爆炸的化合物，在使用和操作时应特别注意，仪器装置必须连接正确。

2）涉及易燃易爆气体时，严禁明火。

（3）防止发生毒害事故

1）处理具有刺激性、恶臭和有毒的化学药品时，必须在通风橱中进行，并保持实验（实训）室通风良好。通风橱开启后，严禁将头伸入橱内。

2）实验（实训）中应避免手直接接触化学药品，尤其是剧毒品。附着在皮肤上的有机物应当立即用大量清水和肥皂水洗去，切莫用有机溶剂清洗，否则将加快化学药品渗入皮肤的速度。

3）溅落在桌面或地面的有机物应及时除去。

4）盛装有毒物质的器皿要贴标签注明，用后及时清洗。经常使用有毒物质实验（实训）的操作台及水槽要注明，实验（实训）后的有毒残渣必须按照实验（实训）室规定进行处理，严禁乱丢。

（4）防止仪器设备发生事故

1）使用电器时，应防止人体与电器导电部分直接接触。不能用湿的手或手握湿的物体接触电插头。电热装置内严禁滴入水等溶剂，以防止电器短路。

2）为了防止触电，仪器设备的金属外壳等应连接地线。实验后应先关仪器设备开关，再将连接电源的插头拔下。

3）检查仪器设备是否漏电应使用试电笔，凡是漏电的设备，一律不能使用。

知识巩固

1. 思考并列举常见的机械作业。
2. 结合本章相关知识，说说生活中有哪些常见的消防设施。
3. 火灾爆炸事故有哪些防范措施？
4. 简述灭火器的使用方法。
5. 在家里使用梯子修理灯具、空调等算不算高处作业？
6. 找一找学校实验（实训）室的事故隐患。

第三章

典型职业病防治

职业病防治是保护劳动者健康及其相关权益的重要一环。职业病防治工作应坚持“预防为主、防治结合”的方针，严格控制各种职业性有害因素，定期进行职业健康检查。

第1节 职业病与职业病危害因素

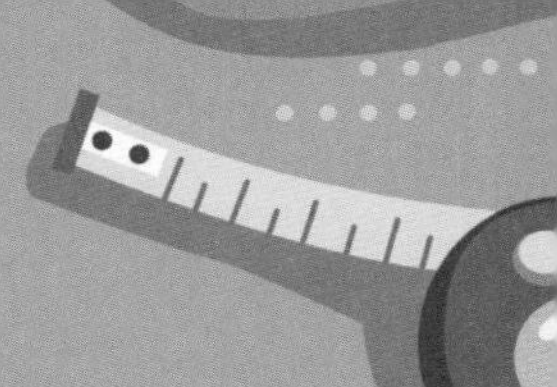

学习目标

- 了解职业病的定义、特点及分类。
- 熟悉职业病危害因素的来源及其识别方法。
- 了解职业病防治权利。

一、职业病

1. 职业病的定义

职业病是指企业、事业单位和个体经济组织等用人单位的劳动者在职业活动中，因接触粉尘、放射性物质和其他有毒、有害因素而引起的疾病。

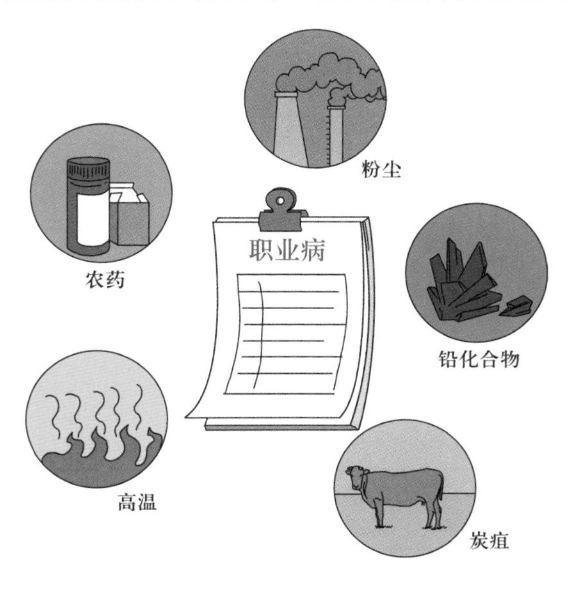

2. 职业病的特点

职业病的特点见表 3-1。

表 3-1　　职业病的特点

特点	具体描述
病因明确	职业病是劳动者在职业活动中直接或间接、个别或共同、短时间或长期受到职业病危害因素的损害而引发的病症
疾病发生与劳动条件密切相关	职业病的发生与生产环境中有害因素的种类、作用时间、劳动强度及个体防护等因素密切相关
与职业病危害因素浓度或强度有关	职业病危害因素大多是可以检测的，而且其浓度或强度需要达到一定的程度，才能使劳动者致病
某些职业病呈缓发性	某些职业病需经过较长的形成期或潜伏期后才能显现症状
某些职业病呈群体性	某些职业病具有群体性发病特征，在接触同样职业病危害因素的职业人群中，多是同时或先后出现一批相同的职业病病人，很少出现仅有个别发病的情况
潜在损伤性	职业病多表现为体内器官或生理功能潜在的损伤，只见“病症”，不见“伤口”
可治疗性	大多数职业病如果能早期诊断、及时治疗、妥善处理，则预后较好。但有的职业病如尘肺病、金属及其化合物粉尘沉着病属于不可逆性损伤
可预防性	职业病是可以预防的，采取发现病因、改善劳动条件、控制职业病危害因素等防治措施，可减少职业病的发生
个体差异性	在同一生产环境中从事同一工种的不同个体，发生职业性损伤的概率和程度也有差别
范围日趋扩大	随着经济和科技的发展，越来越多新的职业性疾病将被发现，所以《职业病分类和目录》将会不断更新调整

3. 职业病的分类

《职业病分类和目录》将职业病分为 10 大类、132 种，见表 3-2。

表 3-2　　职业病分类

职业病分类	主要种类
职业性尘肺病及其他呼吸系统疾病	共 19 种，包括：13 种尘肺病，如矽肺、煤工尘肺、石墨尘肺、云母尘肺等；6 种其他呼吸系统疾病，如过敏性肺炎、棉尘病、哮喘等
职业性皮肤病	共 9 种，包括接触性皮炎、光接触性皮炎、电光性皮炎、黑变病等

续表

职业病分类	主要种类
职业性眼病	共3种，包括化学性眼部灼伤、电光性眼炎、白内障（含放射性白内障、三硝基甲苯白内障）
职业性耳鼻喉口腔疾病	共4种，包括噪声聋、铬鼻病、牙酸蚀病、爆震聋
职业性化学中毒	共60种，包括铅及其化合物中毒（不包括四乙基铅）、汞及其化合物中毒、锰及其化合物中毒、镉及其化合物中毒等
物理因素所致职业病	共7种，包括中暑、减压病、冻伤等
职业性放射性疾病	共11种，包括外照射急性放射病、外照射亚急性放射病、外照射慢性放射病、内照射放射病等
职业性传染病	共5种，包括炭疽、森林脑炎、布鲁氏菌病、艾滋病（限于医疗卫生人员及人民警察）、莱姆病
职业性肿瘤	共11种，包括石棉所致肺癌、间皮瘤，联苯胺所致膀胱癌，苯所致白血病等
其他职业病	共3种，包括金属烟热，滑囊炎（限于井下工人），股静脉血栓综合征、股动脉闭塞症或淋巴管闭塞症（限于刮研作业人员）

二、职业病危害因素

1. 职业病危害因素的分类

职业病危害是指对从事职业活动的劳动者可能导致职业病的各种危害。职业病危害因素包括职业活动中存在的各种有害的化学、物理、生物因素以及在作业过程中产生的其他职业性有害因素。根据《职业病危害因素分类目录》，职业病危害因素按照其致病因素，一般可以归纳为以下6种类型。

（1）粉尘。粉尘包括矽尘、煤尘、石墨粉尘、炭黑粉尘、石棉粉尘、滑石粉尘、水泥粉尘、云母粉尘、陶瓷粉尘、铝尘等。

（2）化学因素。化学因素包括铅及其化合物（不包括四乙基铅）、汞及其化合物、锰及其化合物、镉及其化合物、铍及其化合物、铊及其化合物、钡及其化合物等。

（3）物理因素。物理因素包括噪声、高温、低气压、高气压、高原低氧、振动等。

（4）放射性因素。放射性因素包括密封放射源产生的电离辐射、非密封放射性物质、X射线装置（含CT机）产生的电离辐射、加速器产生的电离辐射等。

（5）生物因素。生物因素包括艾滋病病毒（限于医疗卫生人员及人民警察）、布鲁氏菌、伯氏疏螺旋体、森林脑炎病毒、炭疽芽孢杆菌，以及其他可导致职业病的生物因素。

（6）其他因素。其他因素包括金属烟、井下不良作业条件、刮研作业。

粉尘　化学因素　物理因素

放射性因素　生物因素　其他因素

2. 职业病危害因素的来源

职业病危害因素的来源主要包括生产工艺过程、作业过程、生产环境 3 个方面。

（1）生产工艺过程中的职业病危害因素主要包括与生产技术、机器设备、使用材料和工艺流程相关的化学因素、物理因素以及生物因素等。

（2）作业过程中的职业病危害因素主要包括作业组织和作业制度不合理、作业强度过大、过度精神或心理紧张、作业时个别器官或系统过度紧张、长时间不良体位、作业工具不合理等。

（3）生产环境中的职业病危害因素主要包括自然环境因素、厂房建筑或布局不合理、来自其他生产过程的有害因素造成的作业环境污染等。

3. 职业病危害因素的识别

职业病危害因素的识别是评价工作场所职业病危害程度的重要基础。职业病危害因素的识别方法主要有以下 4 种。

（1）根据使用的物品（如原材料）等进行识别。原材料在工作场所中是职业病危害因素的主要来源之一，通过调查原材料的种类、数量、理化特性等，可以识别并分析可能存在的职业病危害因素。

（2）根据机械设备和生产工艺流程中产生的有害成分进行识别。在生产过程中，会产生各种各样的职业病危害因素，如噪声、粉尘、化学毒物等。通过对生产过程的分析，可以掌握并了解在生产过程中产生的副产品及其他有毒有害物质的种类和数量，识别和分析可能产生的职业病危害因素。

（3）查阅文献资料、类比同行业进行识别。可以通过查阅文献资料，了解原材料或生产工艺过程等可能产生的职业病危害因素，或者咨询、借鉴同行业职业病危害因素识别结果，结合实际生产情况，确定职业病危害因素。

（4）委托职业卫生技术服务机构对工作场所职业病危害因素进行检测识别。用人单位可以委托具有相关资质的职业卫生技术服务机构，对生产过程中产生的职业病危害因素进行识别和分析。

三、职业病防治权利和责任

1. 职工职业卫生保护权利

根据《中华人民共和国职业病防治法》，职工拥有受教育、培训权，职业健康权，职业病危害知情权，获得劳动保护权，检举、控告权，拒绝作业权，参与民主管理权 7 项职业卫生保护权利。

（1）受教育、培训权是指上岗前和在岗期间，职工有权获得职业卫生教育、培训，掌握职业病防治知识，更好地保护自身安全。

（2）职业健康权是指职工有权获得职业健康检查、职业病诊疗、康复等职业病防治服务。

（3）职业病危害知情权是指职工在签订劳动合同时，有权了解工作场所产生或者可能产生的职业病危害因素、危害后果和应当采取的职业病防护措施等。用人单位应定期检测并公布工作场所存在的职业病危害因素，应提供上岗前、在岗期间和离岗时的职业健康检查结果。医疗卫生机构发现疑似职业病病人时，应告知职工本人。

（4）获得劳动保护权是指职工有权要求用人单位提供符合防治职业病要求的职业病防护设施和个人使用的职业病防护用品，改善工作条件。

（5）检举、控告权是指当职工发现作业场所存在职业病危害事故隐患、职业病危害因素超标、职业病防护设施损坏等情况时，有权批评、检举和控告用人单位。职工有权检举和控告用人单位违反职业病防治法律、法规以及危及生命健康的行为。

（6）拒绝作业权是指职工拥有拒绝在没有职业病防护措施等条件下从事职业危害作业的权利。职工有权拒绝违章指挥和强令冒险作业。用人单位与职工订立劳动合同时，没有将可能产生的职业病危害及其后果等告知职工，职工有权拒绝从事存在职业危害的作业，用人单位不得因此解除或者终止与职工所订立的劳动合同。

（7）参与民主管理权是指职工有权参与本单位职业卫生民主管理工作，提出意见和建议。

2. 用人单位职业病防治法律责任

用人单位是职业病防治的责任主体，并对本单位产生的职业病危害承担责任。用人单位的主要负责人对本单位的职业病防治工作全面负责。用人单位的法律责任包括以下 10 项。

（1）产生职业病危害的用人单位工作场所应当符合下列职业卫生要求：职业病危害因素的强度或者浓度符合国家职业卫生标准；有与职业病危害防护相适应的设施；生产布局合理，符合有害与无害作业分开的原则；有配套的更衣间、洗浴间、孕妇休息间等卫生设施；设备、工具、用具等设施符合保护劳动者生理、心理健康的要求；法律、行政法规和国务院卫生行政部门关于保护劳动者健康的其他要求。

（2）用人单位必须采用有效的职业病防护设施，并为劳动者提供个人使用的职业病防护用品。用人单位为劳动者个人提供的职业病防护用品必须符合防治职业病的要求；不符合要求的，不得使用。

（3）对职业病防护设备、应急救援设施和个人使用的职业病防护用品，用人单位应当进行经常性的维护、检修，定期检测其性能和效果，确保其处于正常状态，不得擅自拆除或者停止使用。

（4）用人单位应定期对工作场所进行职业病危害因素检测、评价。

（5）发现工作场所职业病危害因素不符合国家职业卫生标准和卫生要求时，用人单位应当立即采取相应的治理措施，仍然达不到国家职业卫生标准和卫生要求的，必须停止存在职业病危害因素的作业；职业病危害因素经治理后，符合国家职业卫生标准和卫生要求的，方可重新作业。

（6）用人单位应当及时安排对疑似职业病病人进行诊断；在疑似职业病病人诊断或者医学观察期间，不得解除或者终止与其订立的劳动合同。

（7）发生或者可能发生急性职业病危害事故时，用人单位应当立即采取应急救援和控制措施，并按照规定及时报告。

（8）用人单位应按照规定在产生严重职业病危害的作业岗位醒目位置设置警示标志和中文警示说明。

（9）用人单位应当为劳动者建立职业健康监护档案，劳动者离开用人单位时，有权索取本人职业健康监护档案复印件，用人单位应当如实、无偿提供，并在所提供的复印件上签章。

（10）按照规定承担职业病诊断、鉴定费用和职业病病人的医疗、生活保障费用。

第2节 粉尘危害及防护

学习目标

- 了解粉尘的概念和分类。
- 熟悉粉尘造成的危害，认识尘肺病及其症状。
- 了解粉尘危害的预防原则和措施，掌握劳动防护用品使用方法。

一、粉尘及其危害

1. 粉尘及其分类

粉尘是指悬浮在空气中的固体微粒，这些微粒是在自然环境中天然生成或在生产和生活中由于人为原因而生成的。我们在生活中常说的灰尘、尘埃、烟尘、粉末等，都属于粉尘。

在生产过程中产生的粉尘被称为生产性粉尘，能长时间飘浮在空气中。由于长期存在于生产环境中，生产性粉尘不仅污染环境，还严重影响作业人员的身体健康。

2. 粉尘的来源

（1）生产过程中固体物质的机械性破碎、研磨，如煤的粉碎过程会产生粉尘。

（2）金属冶炼或物体加热产生的蒸气在空气中形成微小尘粒，如焦炉装煤或推焦过程产生尘粒。

（3）有机物质燃烧或不完全燃烧时产生的排放物含有大量微小的尘粒和烟雾。例如，煤的自燃或因氧气不足而导致不充分燃烧，烟气排出物中含有多种形式的尘粒。

（4）粉状物料的混合、转运、筛分、包装、卸料等生产过程中有大量尘粒从设备缝隙中逸出。

接触粉尘的主要行业包括矿山开采、建材制造、建筑施工、冶金、机械制造、纺织、皮毛制造、农业及农产品加工等。

接触粉尘的主要岗位包括凿岩、爆破、采矿、运输、装卸、原材料准备、粉碎、筛分、配料、切割、打磨以及焊接等。

3. 常见粉尘危害的识别

（1）粉尘造成的危害，主要与其特性、浓（强）度、接触时间和个体易感性等相关。

存在粉尘的生产环境可视程度越差，说明粉尘的浓度越高，造成的危害程度越严重。

粉尘长期飘浮在空气中，且具有较强的吸附能力，可以吸附多种有毒有害物质，进入作业人员体内造成危害。新鲜粉尘的吸附能力强，能够吸附大量有毒有害的致病物质。陈旧粉尘吸附能力弱且表面覆盖了大量黏土等惰性物质，毒害作用降低。有些粉尘本身具有毒性，进入血液可引发中毒。

粉尘侵入人体内，会引起机体不同部位、不同程度的损害。例如，可溶性有毒粉尘进入血液引发中毒；硬质粉尘对眼角膜及结膜造成机械性损伤，堵塞皮脂腺引起毛囊炎、脓皮病及皮肤皲裂，或进入外耳道形成耳垢等，其中最直接的健康损害是以尘肺病为主的呼吸系统疾病。

（2）粉尘造成的健康损害中影响最广泛、最为严重的是尘肺病。我国目前因粉尘引起的尘肺病患者的数量占总职业病患病人数的90%左右。尘肺病是指由于吸入较高浓度的粉尘而引起的以肺组织弥漫性纤维化病变为主的全身性疾病。

尘肺病的症状在早期主要是咳嗽，同时伴有咯痰，即使在咳嗽很少的情况下，尘肺病患者也会有咯痰的现象。胸痛也是尘肺病患者的主要症状之一，且随着肺组织纤维化程度加重，有效呼吸面积减少，患者可出现呼吸困难的症状。

尘肺病还可并发多种疾病，最常见的主要有肺结核、肺源性心脏病、慢性呼吸衰竭、肺部感染、气胸、慢性阻塞性肺病、恶性肿瘤等。

二、粉尘危害防护

1. 粉尘危害的预防措施

（1）采取密闭与隔离措施控制粉尘。如果作业场所空气中的粉尘浓度无法得到有效控制，或者控制效果很差，作业人员暴露于高浓度的粉尘中，将会显著增加粉尘接触量，从而引起尘肺病等职业危害。采取密闭与隔离措施可以实现人与粉尘的有效分离，降低作业人员的粉尘暴露量。

在扬尘情况严重、粉尘浓度大的情况下，采取密闭与隔离措施尤为重要。可以使用密闭的生产设备，或者将原本敞口的设备改造成密闭设备，同时结合局部抽风系统，将产生粉尘的区域与环境隔离开来，防止粉尘向周围扩散，进一步减少作业场所空气中的粉尘浓度。

（2）采取适宜的湿式作业降尘。湿式作业指的是在破碎、研磨、筛分等产生粉尘的生产作业点上进行加水处理，以减少悬浮粉尘的产生。

加湿可以通过洒水、喷雾等方式进行。在允许加湿的作业场所中，首先应考虑采用物料预先湿润黏结和湿式作业的方式有效降低作业场所粉尘的产生和飞扬，降低作业环境中的粉尘浓度，提高工作场所的环境质量，保护作业人员的健康安全。

（3）合理利用局部通风除尘装置。通风除尘是通过局部通风和全面通风来实现的，其主要原理是利用气流将粉尘带走或稀释，以达到除尘的目的。

局部通风通常采用局部排风除尘装置，如吸尘罩。这些装置通常安装在接近粉尘发生源的位置，它们利用局部的恒定吸引气流或平行气流，将产生的高浓度粉尘在扩散之前捕捉，并在不接触污染空气的情

况下将粉尘排除。吸尘罩能够有效地控制和收集粉尘，从而降低作业场所的粉尘浓度，保障作业人员的健康。

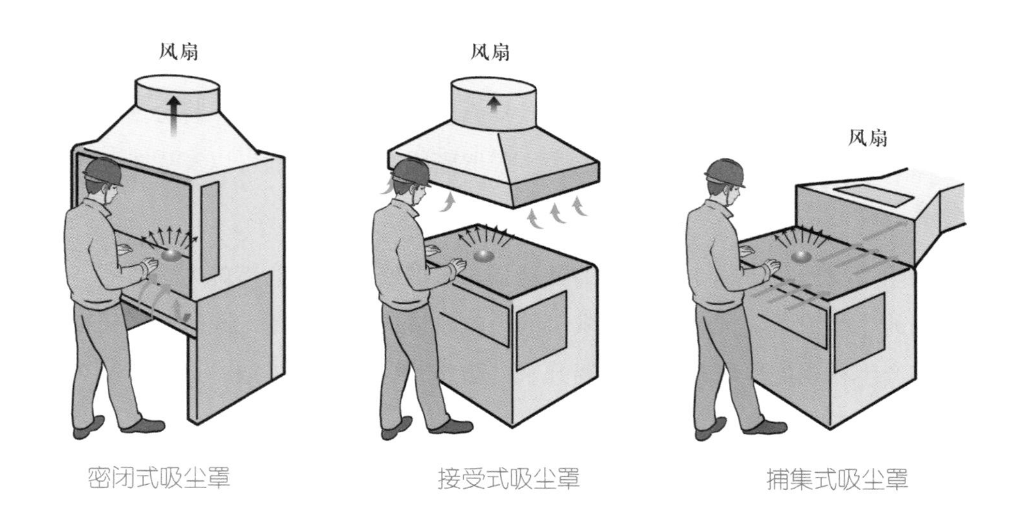

密闭式吸尘罩　　接受式吸尘罩　　捕集式吸尘罩

拓展阅读

粉尘危害治理“八字方针”

有关管理部门、科研单位和工业企业结合实际情况，逐步探索实施了粉尘防治管理制度改革和技术创新。这些综合防尘措施和工业防尘技术经过总结，形成了独具特色的防尘降尘“八字方针”。

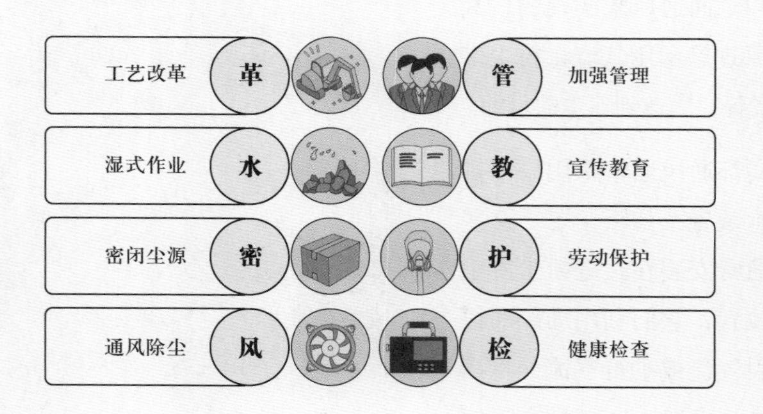

2. 粉尘危害的个体防护措施

（1）个体防护措施是对技术防尘措施的必要补充。在某些情况下，尽管在作业场所采取了防尘措施，但粉尘浓度仍难以降至国家卫生标准所要求的水平。这时就需要引入个体防护措施来防止粉尘危害。

针对粉尘危害，防尘口罩、防尘面具、防尘眼镜等劳动防护用品，可以有效减少作业人员吸入粉尘的量，降低粉尘对健康的危害。使用劳动防护用品时，应选择符合国家标准的产品，并根据使用说明正确佩戴和更换，以确保有效防护。

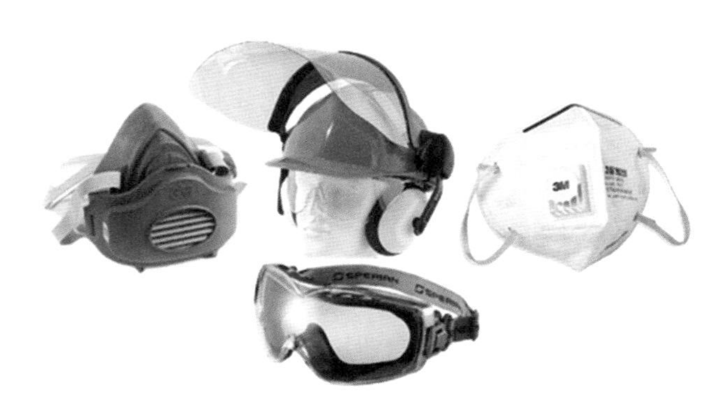

对于接触粉尘的作业人员来说，切不可存在侥幸心理，在工作时应认真做好个人防护，对自己的健康负责。

（2）常见防尘口罩佩戴方法。接触粉尘的作业人员在工作过程中应按照正确的步骤佩戴好防尘口罩。

1. 将双手食指放置于鼻夹上方，大拇指放在鼻夹下，轻轻地弯曲鼻夹中心的位置

2. 双手将折叠的防尘口罩两侧上下拉开，使其完全展开。两根头带保持在有鼻夹的一侧

3. 将防尘口罩的下侧托在下巴的位置，使鼻夹位于鼻梁的位置，把防尘口罩罩在脸上。用一只手把口罩固定在脸上，同时用另外一只手将口罩的下侧向下拉，包住下巴

4. 将一根头带拉到头顶，放在颈后耳朵下方

5. 将另外一根头带拉过头顶，放在头顶位置。需要时可利用防尘口罩两边设计的凸起，调节口罩

6. 在牵拉防尘口罩下巴部位的边缘时，要用一只手扶在鼻夹处固定

7. 将双手指尖置于防尘口罩鼻夹两侧，从中点开始，按压鼻夹使其与鼻梁和脸部贴合。务必使用双手。单手捏鼻夹会使鼻夹出现锐角，导致防尘口罩与脸部密合性降低

8. 进行防尘口罩的佩戴气密性检查，用双手完全捂住防尘口罩并呼气。若感觉有气体从鼻梁处泄漏，重新调整鼻夹；若感觉气体从防尘口罩边缘泄漏，调整头带位置，并确保口罩边缘和面部贴合；若无法取得密合效果，不要进入污染区域

防尘口罩的佩戴步骤

（3）职业健康检查。粉尘作业职工的职业健康检查包括上岗前、在岗期间、离岗时的职业健康检查和离岗后的医学随访 4 个环节。

上岗前的职业健康检查是为了排除职业禁忌证，主要检查活动性肺结核病、慢性阻塞性肺病、慢性间质性肺病和伴肺功能损害的疾病。

在岗期间的职业健康检查是为了诊断职工的健康变化与其所接触的粉尘是否有关系，包括胸部 X 线平片的变化和肺功能的改变等。

离岗时的职业健康检查是为了确定职工在停止接触粉尘时的健康状况，以界定与用人单位的法律关系。

由于工作期间已经进入肺部的粉尘（尤其是矽尘）对肺组织具有持续性的致纤维化作用，脱离粉尘作业后职工仍可发生尘肺病，或使原有尘肺病加重。因此，对于从事过粉尘作业 5 年以上的职工，离岗后还应进行定期医学随访，以便早期发现尘肺病或及时掌握原有尘肺病的病情进展情况。

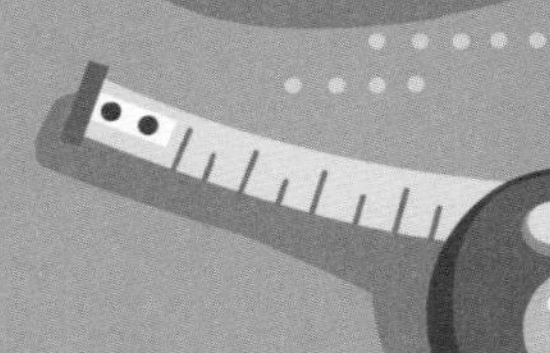

第3节 化学因素危害及防护

学习目标

- 了解化学因素的基本概念、分类。
- 熟悉常见化学因素的危害。
- 熟悉常见化学因素危害防护措施。

一、化学因素及其危害

1. 化学因素概述

人们在工作中经常接触各种化学物质，如原材料、中间产物、成品，还有生产时产生的废气、废水、废渣等，这些都有可能对人们的健康造成伤害，甚至导致职业性化学中毒。

在职业卫生领域，化学毒物可理解为在生产过程中产生的，存在于工作场所中的化学物质，故也称为生产性毒物。生产性毒物在职业病危害因素中通常被称为化学因素，会引起职业性化学中毒类法定职业病。

目前发现的工作场所中的化学因素多达370余种，导致的职业性化学中毒类法定职业病达60种。

拓展阅读

职业接触限值

化学性职业病危害因素的职业接触限值包括时间加权平均容许浓度、最高容许浓度、短时间接触容许浓度和超限倍数4类。

时间加权平均容许浓度是指以时间为权数规定的8小时工作日、40小时工作周的平均容许接触浓度。

最高容许浓度是指在工作地点的一个工作日内，任何时间均不应超过的浓度。

短时间接触容许浓度是指在遵守时间加权平均容许浓度前提下，容许短时间（15分钟以内）接触的浓度。

超限倍数是指对未制定短时间接触容许浓度的化学性职业病危害因素，在符合时间加权平均容许浓度的情况下，任何一次短时间接触容许浓度均不应超过时间加权平均容许浓度的倍数值。

2. 常见化学因素及其危害

一般将化学因素分为：金属及其化合物，如铅、汞等；刺激性气体，如氯、氨等；窒息性气体，如一氧化碳、氰化氢等；有机溶剂，如苯、甲苯等。

（1）金属及其化合物。金属及其化合物在工业上应用广泛，尤其在建筑业，汽车、航空航天、电子等制造业，以及油漆、涂料和催化剂生产中都被大量使用。从矿山开采、冶炼、加工成金属到应用金属及其化合物，都会对工作场所造成污染，导致职工患职业病。

（2）刺激性气体。刺激性气体是指对眼、呼吸道黏膜和皮肤具有刺激作用，引起以急性炎症、肺水肿为主要病理改变的一类气态物质，包括在常态下的气体以及在常态虽非气体，但可以通过蒸发、升华或挥发后形成蒸气或气体的液体或固体。刺激性气体多具有腐蚀性，常因不遵守操作规程或容器、管道等设备被腐蚀而发生跑、冒、滴、漏后污染作业环境。

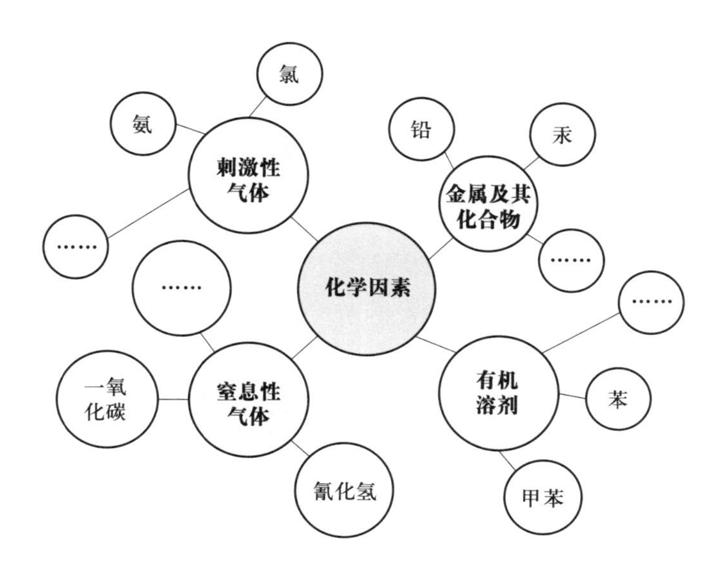

（3）窒息性气体。窒息性气体是指被人体吸入后，可使氧的供给、摄取、运输和利用发生障碍，使全身组织细胞得不到或不能利用氧，导致组织细胞缺氧窒息的有害气体的总称。窒息性气体中毒后常表现为多系统受损，一般首先是神经系统。

（4）有机溶剂。有机溶剂是指一类由有机物为介质的溶剂。它能溶解一些不溶于水的物质，如链烷烃、烯烃、醇、醛、含氮化合物等，主要用作清洗剂、去油污剂、稀释剂和萃取剂，也可作为原料以制备其他产品。工业用有机溶剂有很多种，多具有挥发性、可溶性和易燃性，对人体各个系统可造成危害。

二、化学因素危害防护

1. 化学因素危害的防护措施

依据三级预防原则，通过采取适当的技术措施消除或降低工作场所化学因素的危害，可有效防止职工在作业时受到伤害。化学因素危害的主要防护措施包括以下6项。

（1）替代或消除有毒物料。在生产过程中，应尽量选择无毒或低毒的原料和辅助材料。用无毒的物料替代有毒物料，用低毒的物料替代高毒或剧毒物料，是有效减少化学因素危害的重要方法。例如，在涂料生产中，可以使用锌白或氧化钛替代含有铅的白色颜料。

（2）改进生产工艺。如果受到技术和经济条件的限制，难以通过替代的方法避免化学因素危害，可以考虑改进生产工艺或选择对健康危害较小的工艺来替代危害性较大的工艺。例如，在电镀行业中，通过改进工艺，采用非接触式无氰电镀工艺，从而减少或消除氰化物对人体的危害。

（3）密闭化和机械化措施。在生产过程中，加料、搅拌、反应、测温、取样、出料、存放等操作都可能导致有毒物质的散发和外逸。控制并防止有毒物质在生产过程中释放，关键在于确保生产设备的密闭性。同时，引入机械化工艺替代手工劳动，可以减少职工与有毒物质的直接接触，从而降低潜在的健康风险。

（4）隔离操作。隔离操作是指通过将作业人员与生产设备相隔离，以防止作业人员受到散发出的有毒物质的危害。目前，常见的隔离方法有两种：一种是将全部或部分有毒的生产设备放置在隔离室内，通过排风使室内保持负压状态以防止有毒物质外逸；另一种是将作业人员的工作区域设置在隔离室内，通过输送新鲜空气使室内保持正压状态。

（5）工业通风。通过工业通风技术，可以使作业场所空气中有害物质的浓度低于规定的安全限值。工业通风有助于降低化学因素的危害，保障职工的健康，同时还能够提高工作场所的整体舒适度。

（6）个体防护。在环境条件无法改变的情况下，个体防护往往比改进工艺更容易做到。在个体防护中，劳动防护用品是非常重要的工具，作业时可根据具体化学因素来选择使用劳动防护用品。

拓展阅读

职业病危害三级预防

职业病危害的预防根据对象人群、患病程度的差异，实施职业病危害三级预防。

一级预防又称病因预防，是指通过一系列措施消除或减少职业病危害因素对人的作用，主要表现为改进生产工艺、制定并执行相关规范标准、合理使用劳动防护用品和筛检职业禁忌证等。

二级预防又称发病预防，是指早期检测和发现人体受到职业病危害因素所致的疾病，进而进行早期治疗与干预。其主要手段是定期进行环境中职业病危害因素的监测，使工作场所职业病危害因素的浓度（强度）符合国家职业卫生标准，和对接触者定期进行职业健康检查。

三级预防是指对已经患有职业病的病人进行合理的康复处理，包括对疑似职业病病人进行及时诊断，保障确诊职业病病人享受职业病治疗、工伤补偿等待遇。同时，安排职业病病人进行康复和定期检查，对不适宜继续从事原工作的职业病病人，应当调离原岗位并妥善安置。

2. 化学因素危害劳动防护用品的使用方法

常见的化学因素危害劳动防护用品包括呼吸防护用品、防酸碱工作服、耐酸碱鞋（靴）、防护手套、防护眼镜等。

（1）呼吸防护用品。呼吸防护用品也称为呼吸防护器，在含有化学毒物的生产环境中能够有效地防护化学毒物通过呼吸道侵入人体。

呼吸防护用品按防护原理，可分为过滤式和隔绝式。过滤式防毒面具由面罩和滤毒罐（或过滤元件）组成；隔绝式防毒面具由面具本身提供氧气，分为储气式、储氧式和化学生氧式 3 种。

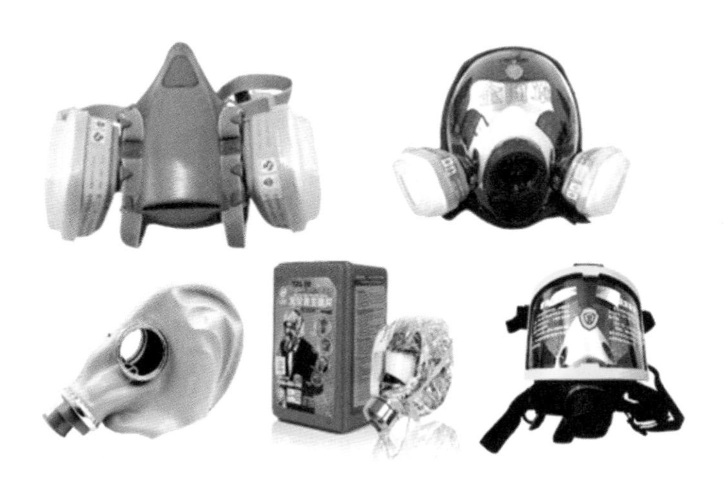

（2）防酸碱工作服。防酸碱工作服又称为酸碱类化学品防护服，是为了在需要处理危险性化学物品或腐蚀性物品的场合提供防护而设计的服装，通常用于现场作业，旨在防止有害物质直接接触皮肤。

（3）耐酸碱鞋（靴）。耐酸碱鞋（靴）采用防水革、塑料、橡胶等为材料，配以耐酸碱鞋底，经模压、硫化或注压等工艺制成，主要作用是在足部有接触酸碱或溶液泼溅可能时，保护足部不受伤害。

（4）防护手套。防护手套是手部进行化学物质操作时必不可少的劳动防护用品，使用前应了解不同种类手套的防护作用和使用要求，而且应佩戴合适的手套。

（5）防护眼镜。防护眼镜主要用于防御有刺激或腐蚀性的溶液对眼睛的化学损伤。防护眼镜可选用普通平光镜片，镜框应有遮盖，以防溶液溅入。

第4节 物理因素危害及防护

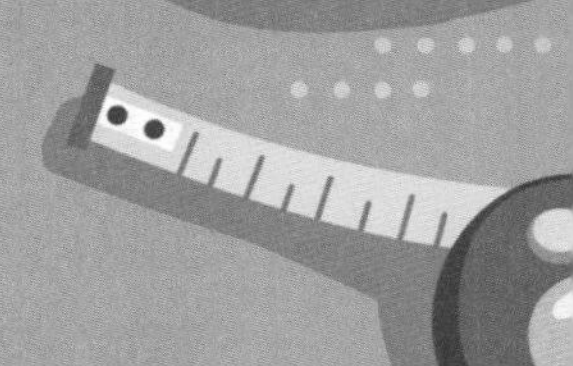

学习目标

- 了解物理因素的基本概念、分类。
- 熟悉常见物理因素的危害。
- 熟悉常见物理因素危害防护措施。

一、物理因素及其危害

1. 物理因素概述

从职业卫生学的角度来看，物理因素的主要特点是以能量的形式存在于工作场所中并作用于人体而造成伤害。导致职业病的物理因素种类有很多，工作场所常见的有高温、低温、高压、低压、噪声、振动等。

与前文提到的化学因素相比，工作场所中的物理因素具有以下 6 个特点。

（1）到目前为止，除了激光是由人工产生的，其他物理因素在自然界中均有存在。

（2）每一种物理因素都具有其特定的单位，用来描述对人体伤害的程度，如表示气温的温度、振动的频率、电磁辐射的强度等。

（3）物理因素一般有明确的来源，一旦其产生的设备停止工作，相应的物理因素便消失。

（4）物理因素的强度一般是向四周传播的，如果物理因素的传播没有被阻挡，则强度随距离的增加而减小；如果在传播的过程中遇到障碍，则有可能产生反射、折射、绕射等现象，进而改变其分布。

（5）有些物理因素如噪声、微波等，有多种传播形式，在不同传播形式下对人体的危害程度有较大差异。

（6）多数情况下，物理因素对人体不一定是有害的，常表现为在某一强度范围内对人体无害，甚至是有益的，高于或低于这一范围会对人体产生不良影响。

2. 常见物理因素及其危害

（1）高温与低温。一般来说，工作场所的温度应该为25～28 ℃，过高或者过低的作业温度均会使作业人员身体不适，甚至导致中暑、冻伤等。高温是工作场所常见的物理因素，当环境温度超过28 ℃时，人的反应速度、运算能力等都将显著下降，许多人体系统功能会受到不同程度的影响，严重时会出现中暑、休克等症状。

职业危害告知牌	
高温对人体有害，请注意防护	
高温	健康危害
	易造成高温灼烫，对人体体温调节、水盐代谢等生理功能产生影响的同时，还可导致热射病、热痉挛、热衰竭等
注意高温	应急处理
	将患者移至阴凉、通风处，同时垫高头部、解开衣服，用毛巾或冰块敷头部、腋窝等处，并及时送医院治疗
	注意防护
	隔热、通风；做好个人防护、卫生保健和健康监护；合理的休息。
对人体有害 请注意防护	急救电话:120 火警电话:119

中暑是高温作业中常见的职业病，是指在长时间受到高温和热辐射的作用时，人体体温调节障碍、水电解质代谢紊乱以及神经系统功能损害的综合症状。

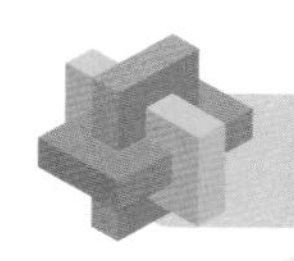

案例分析

某铸造企业将造型班、浇铸班合并，造型人员既要造型又要浇铸，工作量加大。某日气温达 37 ℃，在第三炉熔炼结束完成浇铸工作后，有数名职工出现头晕、心悸、恶心等轻度中暑症状，经送医院紧急医治后才得以恢复。

点评：出现轻度中暑症状应迅速将患者移至阴凉、通风处，并及时送医院治疗。

低温作业是指生产劳动过程中，工作环境平均气温低于 5 ℃的作业。在低温环境中，人体散热加快，引起身体各系统一系列生理变化，会造成局部性或全身性损伤，如冻伤或冻僵，甚至导致死亡。

职业危害告知牌

低温对人体有害，请注意防护	
	健康危害
低温	低温环境会引起冻伤、体温降低甚至造成死亡。在极冷的低温下，很短时间内便会对身体组织产生冻痛、冻伤和冻僵。冷伤可分为全身性冷伤和局部性冷伤。长期在低温高湿条件下劳动，易引起肌痛、肌炎、神经痛、神经炎、腰痛和风湿性疾患等疾病
	应急处理
	迅速脱离寒冷环境，防止继续受冻；抓紧时间尽早快速恢复体温；局部涂敷冻伤膏，改善局部微循环；抗休克、抗感染和保暖；应用内服活血化瘀类药物；二度、三度冻伤未能分清者按三度冻伤治疗
	注意防护
低温危险	做好防寒和保暖工作；注意个人防护；劳动强度不可过大，防止过度出汗；禁止饮酒，酒精除影响注意力和判断力外，还会使血管扩张，减少寒战，增加身体散热而诱发体温过低
对人体有害 请注意防护	急救电话:120 火警电话:119

低温作业或冷水作业时，体温调节发生障碍则体温降低，甚至出现体温过低，影响人体功能。若作业人员体温降至 32.2 ~ 35 ℃，可出现健忘、口吃和空间定向障碍等症状。低温作业会对心血管系统造成影响，初期表现为心率加快、心排血量增加；后期则表现为心率减慢、心排血量减少。体温过低（35 ℃以下）会导致

血压降低、脉搏减少、瞳孔对光反应消失等，严重者出现肺水肿、心室纤颤甚至死亡。

（2）高压与低压。在某些情况下，由于工作场所的气压与正常气压相差较大，如不注意防护，可引发职工严重的健康损害甚至死亡。在高压环境下，主要表现为氮的麻醉作用，如酒醉样表现、意识模糊、幻觉等症状，对心血管运动中枢产生刺激作用，如血压升高、血流速度加快等。加压过程中，外耳道所受压力较大，可引起鼓膜内陷而产生内耳充塞感、耳鸣和头晕等症状，甚至鼓膜破裂。

一般情况下，将海拔在 3 000 米以上的地区，称为高原地区。高原地区属于低气压环境，海拔越高，越易引起人体缺氧，导致急性高原病。

（3）噪声与振动。噪声是指干扰人们休息、学习和工作的声音，即人们不需要的声音。当噪声对人及其周围环境造成不良影响时，就形成噪声污染。长期接触一定强度的噪声，可能对人体产生不良影响。

生产性噪声对作业人员身体的影响是全身性的，对听觉系统、中枢神经系统、心血管系统、消化系统、内分泌系统均存在不同程度的危害，长期接触强烈的噪声会引起多种人体组织病理性改变。例如，导致听觉器官损伤，最终发展成职业性噪声聋；中枢神经系统损害，表现为头痛、头昏、耳鸣、易疲倦以及睡眠不良等症状；引发生理反应，包括呼吸和脉搏加快、血压升高、发冷出汗、心律不齐等症状，同时也会对记忆力、思考力和学习能力产生不良影响；消化功能减退，引发胃功能紊乱、食欲缺乏，增加胃病发病率，同时可能导致脂肪代谢障碍，血胆固醇升高。

生产性振动是由生产过程中的设备产生的振动，在一定条件下，长期接触生产性振动对人体健康产生不良影响，导致手臂振动病等职业病。常见的工作场所的振动源见表 3–3。

表 3–3　　常见的工作场所的振动源

工作场所	振动源
机械制造	锻造机、冲床、切断机、压缩机、振动铣床、振动筛、送风机、振动传送带、印刷机等
交通运输	内燃机车、拖拉机、汽车、摩托车、飞机、船舶等
农业生产	收割机、脱粒机、除草机等

续表

工作场所	振动源
矿山	风动工具，如凿岩机、风铲、风锤、风镐、风钻、打桩机等
	电动工具，如链锯、电钻、电锯、振动破碎机等
	高速旋转机械，如砂轮机、抛光机、手持研磨机、钻孔机等

生产性振动按对人体产生的危害可分为全身振动危害和局部振动危害两种。全身振动强度较大时，可导致人体骨骼、肌肉、关节及韧带等部位损伤，在严重情况下，甚至可能对内脏造成直接伤害。局部振动常引起自发疼痛和运动疼痛现象，特别是在手、腕、肘、肩等处关节部位，这些疼痛不仅影响日常生活，还可能导致心血管、消化等系统的功能失调和病变。

二、物理因素危害防护

1. 高温作业危害防护

（1）在进行工艺设计时，应设法将热源合理布置，将其放在车间外面或远离作业人员的操作地点。

（2）隔热是一种简便而有效的方法，用于减少热辐射对工作环境的影响。当面对无法移动的热源或工艺要求需要保持与操作地点的热源较近时，隔热措施就显得尤为重要。

（3）通风是改善作业环境最常用的方法，常见的有自然通风和机械通风两种方式。

拓展阅读

预防中暑的方法

在高温环境下从事体力劳动，在劳动前和劳动期间应注意休息、饮水，每日摄盐15克左右；气温特别高时，可更改作息时间，早出工、晚收工而延长午休时间，以免因出汗过多、血容量减少而影响散热；在工作场所要增加通风降温设备。

2. 低温作业危害防护

（1）当作业温度低于 –1 ℃时，工具的金属手柄和控制杆应覆盖隔热材料，以减少对手部的热传导。

（2）在低于 16 ℃的环境下需要进行裸手的精细工作超过 10 分钟时，应使用暖风机等设备，确保手部能够保持温暖。

（3）在露天低温作业场所，应设置防风棚、取暖棚。

（4）在冷库附近应设立更衣室和休息室，并为作业人员提供取暖设备和劳动防护用品。

3. 高压作业危害防护

（1）通过技术革新，尽可能减少职工进入高压环境中作业。

（2）在不可避免地需要在高压环境下工作时，必须遵守安全操作规程，按照安全减压时间表逐步返回到正常气压状态，以防止身体突然减压而患减压病。

（3）在工作前注意保证充足休息，禁止饮酒，加强营养。对于高压作业人员，建议增加摄入高热量、高蛋白的食物，适当增加维生素 E 的摄入。

（4）工作结束后，采取饮热饮料、洗热水澡等帮助身体恢复体温和缓解潜在的身体不适。

4. 低压作业危害防护

（1）在登高过程中应控制登高速度与高度，特别是由平原向高原攀登时，坚持阶梯式升高的原则，逐步适应变化的气压和氧气含量。

（2）为提高对高原环境的适应能力，可以通过适应性锻炼逐步增加适应低压的速度和程度。

（3）应摄入足够的热量和充分的营养，包括多种维生素、高蛋白、中性脂肪及适量的碳水化合物。同时，要注意保暖，防止急性呼吸道感染等疾病。

（4）进入高原地区的人员应接受职业健康检查，特别是对于患有心、肺、肝、肾等疾病的人员，不宜进入高原地区工作。

5. 生产性噪声作业危害防护

（1）消除或降低声源本身的噪声强度，使其满足工作场所卫生标准。

（2）通过消除或减少噪声传播媒介，从传播途径上控制噪声。

（3）在车间墙壁上或车间内悬挂吸声材料，以吸收声能，进一步减少噪声的传播和反射。

6. 振动作业危害防护

（1）控制振动源是根本手段，应通过技术手段、工程措施或更换振动较小的设备降低振动源的振动强度。

（2）制定和实施振动作业卫生标准，限制作业人员接触振动的强度和时间。

（3）个体防护措施至关重要，包括合理配置和使用防振手套、防振鞋、减振座椅等设备。

第5节 放射性因素危害及防护

学习目标

- 了解放射性因素的分类。
- 熟悉常见放射性因素的危害。
- 熟悉常见放射性因素危害防护措施。

一、放射性因素及其危害

1. 放射性因素的分类

放射性因素指在工作中可能接触到的，由不稳定原子核发生自发裂变发散出的一种能量，这种能量会不同程度地影响人的身体健康。

放射性因素主要通过辐射作用于人体，引发各类危害反应。按照《职业病危害因素分类目录》的规定，放射性因素可分为以下 8 类。

（1）密封放射源产生的电离辐射，主要产生 γ、中子等射线。

（2）非密封放射性物质，可产生 α、β、γ 射线或中子。

（3）X 射线装置（含 CT 机）产生的电离辐射，X 射线。

（4）加速器产生的电离辐射，可产生电子射线、X 射线、质子、重离子、中子以及感生放射性等。

（5）中子发生器产生的电离辐射，主要是中子、γ 射线等。

（6）氡及其短寿命子体，限于矿工高氡暴露。

（7）铀及其化合物。

（8）以上未提及的可导致职业病的其他放射性因素。

2. 常见放射性因素的危害

放射性因素产生的辐射按照其能量的高低及电离物质的能力分为电离辐射和非电离辐射两种类型。其中，非电离辐射是指能量比较低，并不能使物质原子或分子产生电离的辐射。通常情况下，非电离辐射能量较弱，对人的危害性很小，但当接触时间过长或剂量过大时，也会造成严重危害。非电离辐射的危害主要通过热效应引起，即通过灼烧作用，使生物组织产生病变。

相比于非电离辐射而言，电离辐射能量更大，造成的危害也更大。几乎所有器官、系统都会因电离辐射发生病理改变，尤其以神经系统、造血器官和消化系统的变化最为明显。电离辐射通过辐射生物效应作用于人体，按效应程度和时间特点分为急性效应、慢性效应和远期效应。

（1）急性效应是指生物在短时间内受到很强的辐射，导致身体出现明显的不正常反应，通常发生在核泄漏事故或核爆炸时。比如，电离辐射可能导致皮肤受伤，影响造血系统，或引发不同类型的急性放射病。

（2）慢性效应是指生物体长时间以较低剂量受到辐射，导致身体出现异常变化的生物学反应。这种情况的症状包括头痛、头晕、睡眠问题、疲劳、记忆力下降等。

（3）远期效应是指机体经过长时间的电离辐射照射后，表现出致癌、致畸、致突变或遗传方面的生物学效应。

二、常见放射性因素危害防护

对于放射性危害因素，不论是非电离辐射还是电离辐射，防护主要是从屏蔽辐射源，降低人体所受到的照射剂量，保护作业人员的身体健康方面进行考虑。具体防护措施主要包括外照射防护、内照射防护、健康监护和监督管理 4 个方面。

1. 外照射防护

外照射防护主要是减低和消除外源性照射对人体的影响，具体措施主要包括屏蔽防护、距离防护和时间防护。

（1）屏蔽防护是在人与放射源之间设置防护屏障，如利用铅、钢筋混凝土等对辐射线的吸收作用，降低照射到人体的电离辐射剂量，达到保护人体健康的目的。

（2）距离防护是通过对辐射场所的分区（控制区、监督区）进行分级管理，以设置分区和增加距离的方式，尽可能减少受被照射人员的辐射损伤。

（3）时间防护是尽可能减少作业或接触时间，减少受照剂量以达到减轻放射性损伤的目的。

2. 内照射防护

内照射防护是为了防止放射性物质通过各种途径进入人体，同时有效地控制这些物质向空气、水和土壤扩散而进行的防护。具体防护措施主要包括工程技术、个体防护和管理方面的措施。通过良好的环境控制，可以尽量减少环境中可能引起内照射的放射性物质水平，通过个体防护，可以进一步减少放射性物质通过呼吸道、消化道和皮肤等途径进入人体。

（1）呼吸道防护。通风，收集、净化处理可能形成内照射的放射性物质，降低其在环境中的存在水平；按实际需要规范配备、使用、管理呼吸防护用品，保持其防护效果，最大限度地减低经呼吸道进入机体的放射性物质水平。

（2）消化道防护。防止放射性物质污染食物、水源、大气；禁止在工作区饮食、吸烟；从事放射性相关工作人员应严格执行操作规范并做好个体防护。

（3）皮肤防护。规范使用工作服、防护头套、面罩、手套、鞋袜等防护用品；工作结束后进行污染检测与自身清洁卫生工作，避免皮肤污染和形成内照射。

3. 健康监护

按照《放射工作人员健康要求及监护规范》（GBZ 98—2020）的要求，应定期规范进行放射工作人员职业健康检查，分析、评价其健康状况，建立职业健康监护档案，并进行规范管理，为分析、评价和提高放射工作人员健康状况创造条件。

4. 监督管理

严格按照国家有关法律、法规、规范、标准等，对涉及放射性作业的物料、机构、人员、设备、环境等进行规范管理，并不断提高监管水平，严格控制涉及放射性危害的各环节，控制危害发生。

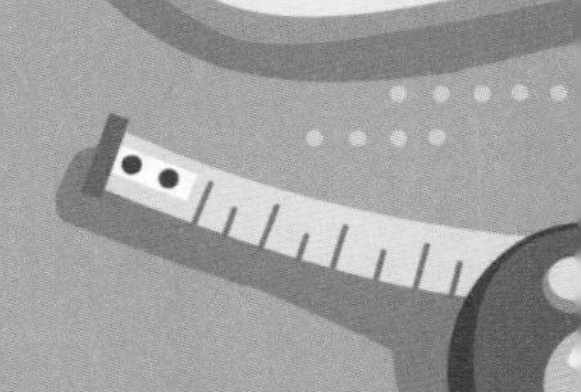

第6节 生物因素危害及防护

学习目标

- 了解生物因素的基本概念、分类。
- 熟悉常见生物因素的危害。
- 熟悉常见生物因素危害防护措施。

一、生物因素及其危害

1. 生物因素概述

生物因素是指在生产过程中，生产原料和生产环境中存在的对相关作业人员身体健康有害的致病性微生物、寄生虫、昆虫等生物，以及它们产生的生物活性物质。生物因素种类繁多，是导致职业性传染病、哮喘、过敏性肺炎以及职业性皮肤病的重要因素之一。例如，布鲁氏菌、炭疽芽孢杆菌；某些动物、植物产生的刺激性、毒性或变态反应性生物活性物质，如毒性分泌物、酶和花粉等；致病寄生虫，如血吸虫尾蚴等。

2. 常见生物因素的危害

《职业病危害因素分类目录》规定的生物因素有 6 种，分别是艾滋病病毒（限于医疗卫生人员及人民警察）、布鲁氏菌、伯氏疏螺旋体、森林脑炎病毒、炭疽芽孢杆菌，以及其他可导致职业病的生物因素。以下重点介绍常见的布鲁氏菌、森林脑炎病毒、炭疽芽孢杆菌及其危害。

（1）布鲁氏菌。布鲁氏菌病主要由布鲁氏菌感染人体所致，其传染源主要是与人类接触的患病牲畜和被感染牲畜。被感染牲畜可以长期甚至终生携带布鲁氏菌，成为对人和其他牲畜最危险的传染源。布鲁氏菌可以通过体表皮肤黏膜、消化道、呼吸道侵入人体，在人体内繁殖达到一定数量后即可进入血液，引起发热甚至菌血症。从事兽医畜牧、畜产品加工、屠宰、皮革加工等频繁接触传染源的作业人员容易受布鲁氏菌感染。

（2）森林脑炎病毒。森林脑炎病毒是一类小型嗜神经病毒，其形态结构、致病特性均类似乙脑病毒。该病毒寄生于啮齿类动物（如松鼠、野鼠）及鸟类等的血液中，通过昆虫（蜱）媒介传染。人被带森林脑炎病毒的蜱叮咬后，病毒侵入人体，是否发病取决于侵入人体的病毒数量和人体的免疫功能状态。

（3）炭疽芽孢杆菌。炭疽是一种人畜共患的急性传染病，其病原菌为炭疽芽孢杆菌，其传染源主要是患病的牛、马、羊、骆驼等大型食草动物。不同草食家畜间可以通过共同食用污染的草料和接触污染物而感染，病畜的肉类、皮毛、排泄物等都是相关从业人员被感染的传染源。

二、生物因素危害防护

1. 布鲁氏菌病的防护措施

布鲁氏菌病的全面预防涉及管理传染源、切断传播途径以及保护易感人群等多方面的措施。

（1）管理传染源。对于病畜应实施隔离措施，外地引入的牲畜必须通过血清学及细菌性检查，确认无病后才能放牧。检出感染的病畜应予以捕杀，流产胎则须深埋处理。

（2）切断传播途径。需要强化粪便和水的管理，防止病畜和患者的排泄物对水源造成污染。实施人畜分居，对生乳实行巴氏法处理，家畜肉类须经过煮熟处理方可食用。来自疫区的皮毛要存放 4 个月，以自然灭菌。

（3）保护易感人群。牧民、兽医、实验室工作者等易感人群都应接受相应的疫苗接种，以降低感染的风险。

2. 森林脑炎的防护措施

防止蜱叮咬是减少人群感染森林脑炎的核心途径，利用氨基甲酸酯类化合物、拟除虫菊酯类化合物、抗生素类药物等杀蜱剂进行灭蜱是控制森林脑炎发病和流行的主要途径。

另外，应注意加强对可能接触森林脑炎病毒的职业人群在流行季节前 2 个月进行预防接种。

3. 炭疽的防护措施

（1）对于发现的病畜，应立即使用焚烧或深埋的方式进行销毁。

（2）避免解剖病畜，并对其污染物及排泄物进行全面消毒，确保病原体被有效清除。

（3）对动物皮毛进行严格检疫和消毒，可选择环氧乙烷气体进行消毒以杀灭潜在的病原体。

（4）在相关工作场所，为了加强职工的健康保护，需要实施定期职业健康检查。

（5）当人体暴露部位存在伤口时，应暂时避免接触动物皮毛，以降低感染风险。

（6）对于已确诊的炭疽患者，必须进行隔离，直至经治疗后痊愈。

知识巩固

1. 思考并列举在生活中常见的职业病危害因素。

2. 列举常见的劳动防护用品及其使用方法。

第四章

现场急救与应急避险

意外事故伤害随时随地可能发生，可能在学校、工作场所，也可能在上下学（班）途中，甚至是公共场所或野外发生，有时离医院或专业急救机构有一定距离。当遇到如休克、窒息、呼吸停止、心搏骤停、骨折、出血、烧烫伤等伤员或突发自然灾害险情时，如果我们束手无策，一味等待专业急救人员到来，可能导致伤员或自身失去生还的机会。急救与应急避险是与时间赛跑，掌握现场急救与应急避险知识事关我们每一个人的生命安全。

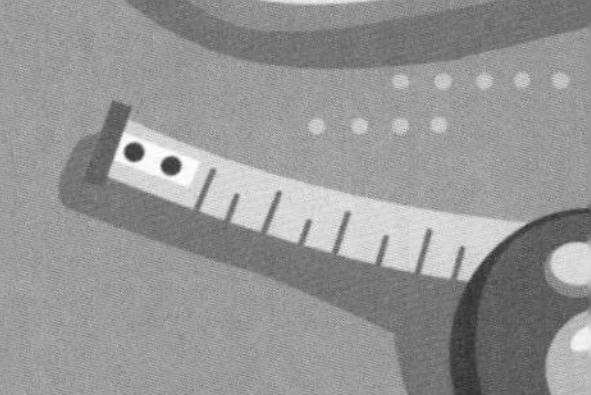

第1节 现场急救基本知识

学习目标

- 了解现场急救的目的与任务。
- 掌握现场急救的基本程序和急救箱的常规配备。
- 熟悉现场急救的基本原则。

一、现场急救的目的

现场急救的目的是紧急处理伤员的休克、窒息、呼吸停止、心搏骤停、骨折、出血、烧烫伤等，正确搬运转移伤员，尽力挽救生命、防止伤病恶化、促进恢复，并为专业医疗救治赢得时间。例如，在实验过程中皮肤被强酸或强碱烧伤以后，应立即用大量流动清水反复对伤口进行冲洗，尽量减少伤势恶化，处理以后应尽快去医院救治。

二、现场急救的任务

现场急救的主要任务一般包括以下 8 项内容。

1. 保持镇定有序

遇人员伤害事故不要惊慌失措，如果现场人员较多，要马上分派人员拨打“120”急救电话，通知专业急救人员前来现场。

2. 迅速排除致命或致伤因素

例如，搬开压在伤员身上的重物，撤离中毒现场；触电意外应立即切断电源；

清除伤员口鼻内的泥沙、呕吐物、血块或其他异物，使其呼吸道通畅。

3. 检查伤员的生命体征

检查伤员的呼吸、心搏情况。如果有呼吸停止、心搏骤停，应立刻进行心肺复苏急救。

4. 包扎止血

有创伤出血者，应迅速包扎止血，之后尽快送往医院。

5. 保护内脏器官

如果有腹腔内脏脱出或其他器官膨出，应避免直接触碰或塞回，可用干净毛巾、软布料或搪瓷碗等加以保护，并尽快送往医院治疗。

6. 临时固定

对于有骨折的伤员，应使用木板等进行临时固定。

7. 谨慎处理昏迷者

未明了病因前，需密切观察其心搏、呼吸、两侧瞳孔大小。若有舌后坠现象，应采取适当措施，将舌头轻轻拉出或打开下颌，防止窒息发生。

8. 迅速而正确地转运

根据不同的伤情，按轻重缓急原则选择适当的工具对伤员进行转运，转运途中应随时注意其伤情变化。

三、现场急救的基本程序

现场急救的基本程序包括以下 6 项。

1. 寻求支援

发现有事故伤害人员，立即向他人寻求帮助，立即拨打“120”急救电话，通知专业急救人员前往现场。

2. 评估现场安全

到达现场后，首先评估伤员及其周围环境的安全状况，如果存在危险因素，需采取相应措施，如转移伤员、排除危险因素等。

3. 初步检查

对伤员进行初步检查，了解其基本情况，如意识状态、呼吸、心搏是否正常，有无出血等，以便判断伤情和采取相应急救措施。

4. 采取急救措施

根据伤员的伤势，有针对性地采取现场急救措施。

5. 持续给予急救护理

在等待专业急救人员到场的过程中，持续给予伤员急救护理，如止血、骨折固定、保暖和合适体位的摆放等，以保证伤员得到最大限度的保护。

6. 转交专业急救人员

在专业急救人员到场后，要将伤员的情况和已采取的急救措施向其详细报告，并协助其对伤员进行转运和进一步的救治操作。

四、现场急救的基本原则

1. 快速行动

发现有事故伤害情况后，应立即行动，迅速求援并开展急救，以争取急救时间。

2. 安全第一

在开展急救时，自身的安全至关重要，要在确保自身安全的前提下提供有效的急救措施。

3. 保持冷静

在急救过程中，要保持冷静，这是有效应对紧急情况的关键。

4. 优先处理危及生命的问题

在处理多个伤员时，应优先处理危及生命的问题，如其中的呼吸停止、心搏骤停者。

五、急救箱的常规配备

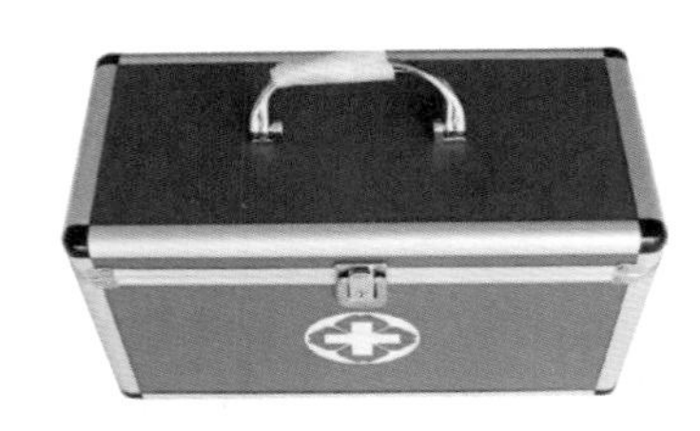

急救箱在现场急救时或生活中能够发挥重要作用。急救箱的常规配备见表 4–1。

表 4–1　　急救箱的常规配备

类型	名称	功能
医疗器械	一次性手套	防止交叉感染和方便操作
	医用棉签	清洁伤口或涂抹药膏
	无菌纱布	包扎伤口或止血
	剪刀	剪断绷带或剪开包装
	镊子	夹取物品或处理伤口
	血压计	测量血压
	听诊器	听取伤员的心搏和呼吸声音
敷料和包扎材料	止血带	控制严重出血
	医用胶带	包扎伤口或固定敷料
	绷带	巩固包扎效果或固定骨折
药品	止痛药	缓解疼痛，如布洛芬、阿司匹林等
	抗过敏药	抗过敏，如氯雷他定、苯海拉明等
	抗生素药膏	预防伤口感染，如红霉素软膏等
	消毒剂	清洁伤口，如酒精、碘伏等
	抗疟药	预防和治疗疟疾，如氯喹、青蒿素等
	急救针剂	急救治疗，如肾上腺素、尼可刹米等
其他物品	急救手册	提供基本急救知识和操作指南
	急救电话卡	提供紧急情况下的联系方式和指南
	清毒湿巾	清洁手或其他物品表面
	医疗废物袋	收集处理医疗废弃物

案例分析

2021 年 4 月 15 日下午，正在行驶的某列车 10 号车厢内，突然响起一片喧哗声。原来是一名女性旅客突发疾病，脸色苍白，倒地昏迷不醒。列车长得知情况后，立即安排广播寻医救人，并赶到现场动员附近的旅客让出座位，先让病人躺平并使其头偏向一侧。很快有一位医生旅客赶来，立即检查患者，发现患者对呼喊、拍打都无应答，呼吸停止、心搏骤停。医生边给患者做胸外心脏按压、人工呼吸急救，边让列车长取来自动体外除颤器（automated external defibrillator，简称 AED）。经几个急救循环后，患者呼吸和心搏恢复，并能开口讲话了。在医生的建议下，患者由下一站协调安排专车送至医院检查，以免耽误病情。

点评：此急救过程有 3 个地方值得学习。一是列车长赶到现场后，立即让患者平躺并使其头偏向一侧；二是医生很快对患者进行了检查，发现呼吸停止、心搏骤停后，及时进行心肺复苏急救并使用了列车备有的 AED；三是尽快将患者转运至专业医疗机构，避免病情恶化。

拓展阅读

《中华人民共和国民法典》第一百八十四条规定，因自愿实施紧急救助行为造成受助人损害的，救助人不承担民事责任。

《医疗事故处理条例》第三十三条规定，有下列情形之一的，不属于医疗事故。

（一）在紧急情况下为抢救垂危患者生命而采取紧急医学措施造成不良后果的。

（二）在医疗活动中由于患者病情异常或者患者体质特殊而发生医疗意外的。

（三）在现有医学科学技术条件下，发生无法预料或者不能防范的不良后果的。

（四）无过错输血感染造成不良后果的。

（五）因患方原因延误诊疗导致不良后果的。

（六）因不可抗力造成不良后果的。

第2节 止血与包扎

学习目标

- 熟悉主要动脉止血压迫点。
- 掌握常用止血与包扎方法。
- 掌握止血与包扎的注意事项。

一、常用止血方法及其注意事项

1. 常用止血方法

现场急救时，常用的外伤止血方法主要有指压止血法、加压包扎止血法、止血带止血法和纱布填塞加压止血法。

（1）指压止血法。指压止血法是指用手指按压动脉（如指动脉、桡动脉、肱动脉、腋动脉、颞浅动脉、面动脉、颈动脉等），达到控制相应部位伤口出血速度，直至止血的目的。

（2）加压包扎止血法。加压包扎止血法常用于皮肤撕裂伤，例如头皮外伤可以采取局部的加压包扎止血，然后尽快到医院进行缝合止血。

（3）止血带止血法。止血带止血法多用于四肢较大动脉的破裂出血，可以临时控制出血，然后尽快到有条件的医院进行手术止血。

（4）纱布填塞加压止血法。胸腹腔或者肌肉深部较大的创面出血，可采取纱布填塞加压包扎，以控制出血，然后尽快到有条件的医院进行进一步抢救。

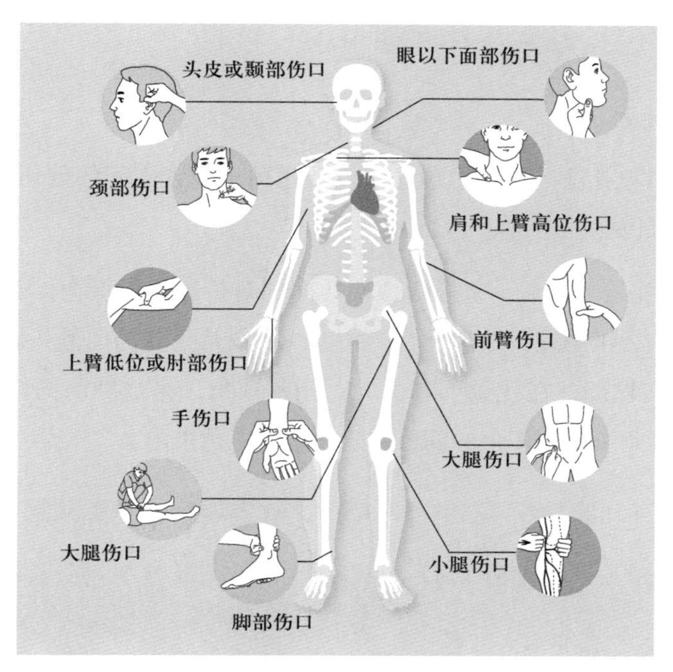

不同部位伤口的动脉指压止血点

2. 止血的注意事项

在止血急救过程中，要特别注意的是止血带止血法的使用，包括止血带绑扎的力度、标记、止血带的使用时间、观察、停用方法等。

（1）止血带绑扎的力度。使用止血带时要注意绑扎的力度，既不能过紧，也不能过松。过紧容易导致局部组织坏死，而过松则无法有效止血，甚至可能加剧出血。

（2）标记。对每一位使用止血带的伤员，都应清晰标记，详细记录止血带开始使用的时间、使用部位、计划放松的时间等。

（3）止血带的使用时间。每隔 40 ~ 60 分钟要松开止血带 5 ~ 10 分钟，然后再次扎上。因为长时间扎止血带而不松开，会导致局部缺血，进而引起血液供应区域的组织坏死，造成严重后果。

（4）观察。需要密切观察使用止血带伤员的生命体征、患肢状况等，一旦出现止血带脱落或受伤部位出现剧烈疼痛、皮肤发紫等症状，需要立即处理。

（5）停用方法。停用止血带时要注意缓慢松开，防止出血量突然加大。对于伤肢远端已经有明显缺血者，禁止停用止血带后再使用。

二、常用包扎方法及其注意事项

1. 常用包扎方法

（1）三角巾包扎法。三角巾包扎法主要适用于较大面积的创伤，常用于头部、胸部、腹部伤口包扎。

1）头部包扎法。首先，将三角巾底边向内对折约两横指宽，确保三角巾的顶角对准伤员的脑后正中线；然后，将三角巾两底角从伤者的前额齐眉处开始，分别经双耳上方拉向枕部，在枕骨下方交叉并压紧顶角，再绕到前额打结或在脑后打结；最后，将三角巾末端多余的部分塞入包好的三角巾内。

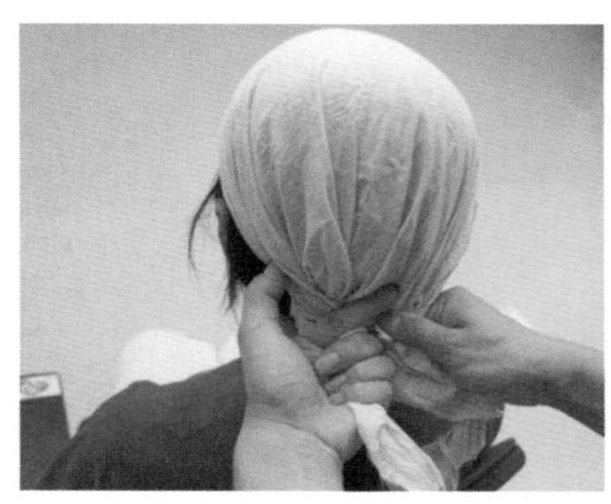
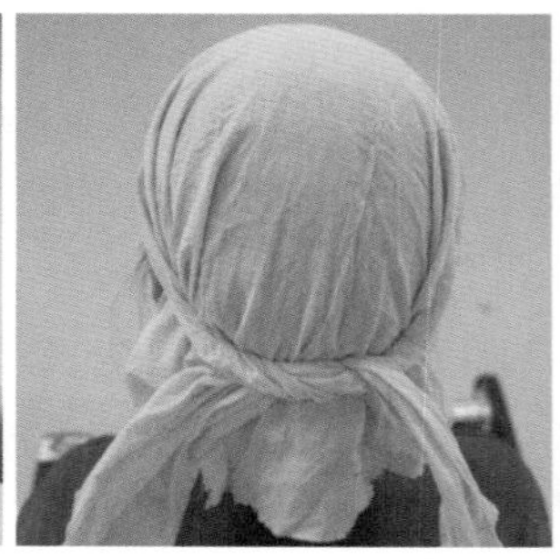
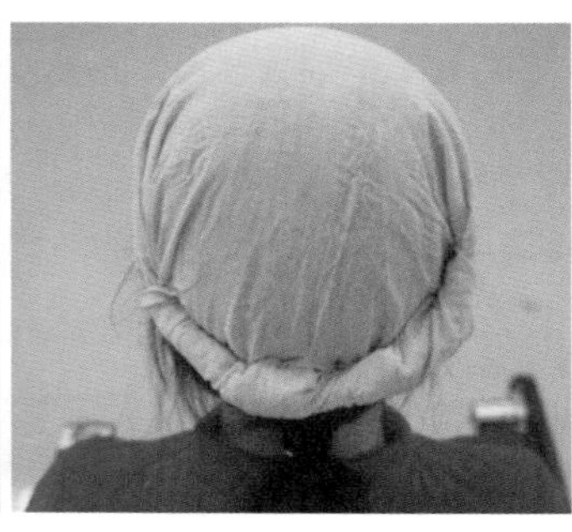

头部包扎法

2）单侧胸部包扎法。首先，将三角巾底边向内折叠两横指宽，底边放在伤口下缘围绕伤者胸部到背部，两底角在背后打结；然后，将三角巾顶角反折，包住伤口，经伤侧肩上，顶角向背后拉紧，与两底角打结。包扎时不能过紧，应以能固定住伤口处厚纱布块或干净的衣物为宜。

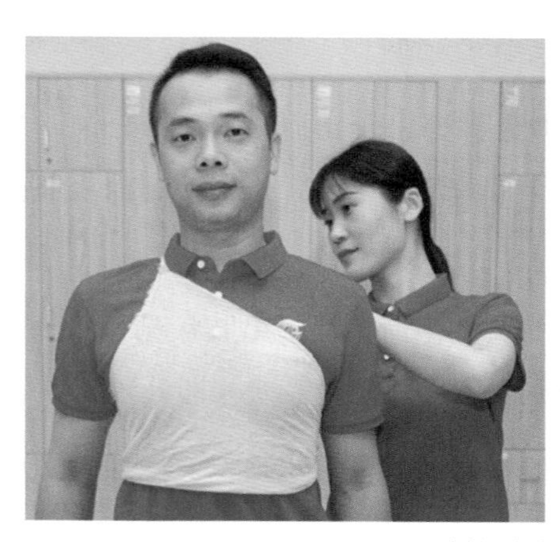
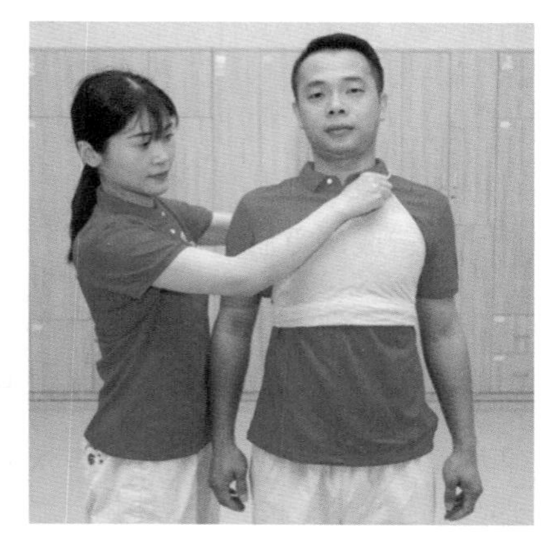

单侧胸部包扎法

3）双侧胸部包扎法。首先，将三角巾叠成燕尾状，两燕尾向下平放于胸部；然后，两燕尾底边由伤者胸部绕至伤者背后打结，两燕尾分别从伤者双肩上绕至背后，一燕尾穿过底边与另一燕尾底角打结。

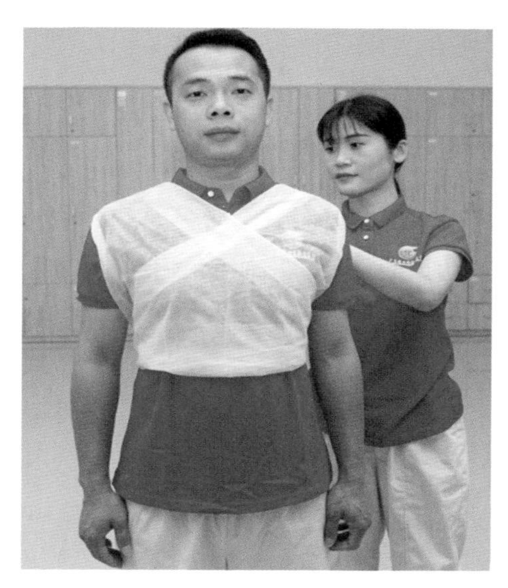
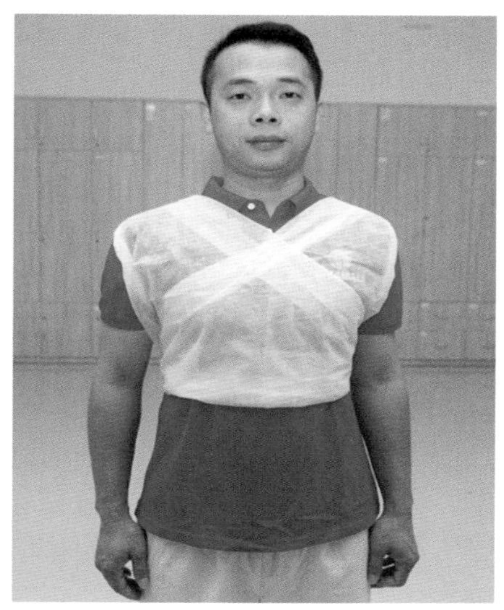

双侧胸部包扎法

4）单侧腹部包扎法。首先，将三角巾折叠成燕尾状，燕尾的夹角约 60°，夹角对准外侧裤缝，两燕尾角不等大，其中的大片遮住腹部，小片遮住臀部；然后，两侧燕尾底角在对侧腰部相遇打结，两侧燕尾角在伤侧大腿根部打结。

5）全腹部包扎法。首先，将三角巾底边向上并齐腰，顶角向下，覆盖腹部，两侧底角围绕到腰后打结；然后，将顶角从两腿间拉向后上方，于两底角相遇处打结。

（2）绷带包扎法。为了固定伤口上的纱布、固定骨折或挫伤部位，且为了达到压迫止血作用，可以采用绷带包扎法进行包扎。常用的绷带包扎方法有以下 3 种。

1）环形包扎法。以腕部受伤为例，首先，用纱布块覆盖伤口；然后，用弹力绷带连续缠绕，每一周压住前一周进行包扎，松紧度以能插入一根手指为宜。

2）螺旋包扎法。以上肢受伤为例，首先，用纱布块覆盖伤口，并按环形包扎法包扎 2～3 周，第一周应在伤口远端包扎，不要压住敷料；然后，再斜行向上缠绕，每周压前一周 2/3；最后，以环形包扎结束，松紧度以能插入一根手指为宜。

3）“8”字包扎法。以肘关节为例。首先，用纱布块覆盖伤口，并在肘关节正中环形包扎两周；然后，将绷带从右下越过关节向左上包扎，绕过肘关节上方，再从右上（近心端）越过关节向左下包扎，使呈“8”字形，每周覆盖上一周的2/3；最后，环形包扎2周固定，松紧度以能插入一根手指为宜。

2. 包扎的注意事项

包扎的目的是保护伤口、避免污染、固定敷料和协助止血。包扎的注意事项包括以下9项。

（1）动作要轻、快、准、牢，以免增加伤员的疼痛、出血或感染甚至出现再次伤害。

（2）对于充分暴露的伤口，应使用无菌敷料进行覆盖后再进行包扎。

（3）不要在伤口上打结，以免压迫伤口并增加伤员的痛苦。

（4）包扎不宜过紧或过松，以防止滑脱或压迫神经和血管，影响血液循环。

（5）包扎四肢时，应保留足够的空间以便观察肢体末端的血液循环。

（6）对于较大的伤口，不建议用水冲洗或涂抹药物，除非是在特殊情况下，如烧烫伤或动物咬伤。

（7）避免坐卧时受压的部位打结。

（8）包扎急救人员应注意自我防护，必要时戴医用手套，并在处理完伤口后清洗双手。

（9）在包扎过程中，对于伤情不明者，遵循“四个不原则”，即不上药、不触摸、不使用利器、不擅自将内脏外露或骨折突出的部分放回伤员体内。

第3节 现场急救搬运

学习目标

- 了解搬运的目的与原则。
- 掌握常用的搬运方法。
- 熟悉搬运的注意事项。

一、搬运的目的与原则

1. 搬运的目的

通过正确的搬运方法，可使伤员脱离危险区域，避免伤员再次受到伤害，减少其痛苦，并迅速送至专业急救机构以便进一步救治。

2. 搬运的原则

（1）搬运前应做必要的急救处理（如止血、包扎、骨折固定等）。

（2）根据伤员的情况和现场条件选择适当的搬运方法。

（3）在搬运过程中应保证伤员安全，防止发生二次伤害。

（4）注意伤员伤情变化，及时采取救护措施。

3. 施行搬运应考虑的因素

（1）现场环境的安全性和稳定性。

（2）伤员的伤势。

（3）急救人员的数量。

（4）可用的器材、工具和物资的数量。

（5）沿途的地势和道路环境。

二、常用的搬运方法

1. 徒手搬运法

（1）单人徒手搬运法。对于伤势比较轻的伤员，可采取抱、背等单人徒手搬运法搬运；对于昏迷或不能行走且体重较大的伤员采用拖拉或者肩扛等单人徒手搬运法。

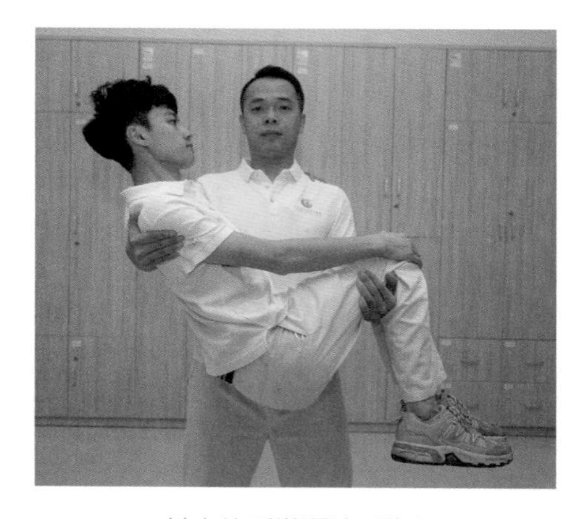

单人徒手搬运法（抱）

单人徒手搬运法（背）

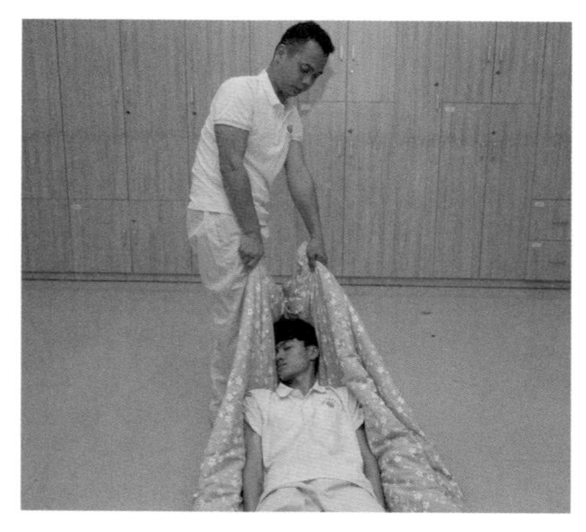

单人徒手搬运法（拖拉）

单人徒手搬运法（肩扛）

（2）双人徒手搬运法。在急救人员较多、不影响伤员伤情的情况下，可采用椅托式、杠轿式和拉车式等双人徒手搬运法。值得注意的是，椅托式和杠轿式双人徒手搬运法通常适用于清醒伤员，而拉车式双人徒手搬运法可用于意识模糊的伤员，但脊柱骨折伤员不能使用此方法。

（3）多人徒手搬运法。脊柱骨折伤员，在现场没有担架，也无法自制成担架，又需要搬运伤员时，应采用多人徒手搬运法，以避免损伤脊髓。对疑有胸椎、腰椎骨折的伤员，一般采用 3 人徒手搬运。对于脊椎骨折的伤员，可以 4 ~ 6 人一起合作搬动。其中一人托住伤员的头颈部，一人托住背部，一人托住臀部和腰部，一人托住两下肢。4 人同时用力，把伤员轻轻抬起搬运移动或放到硬板担架上，并在其颈下放一块小枕头，头部两侧用软垫或沙袋固定。

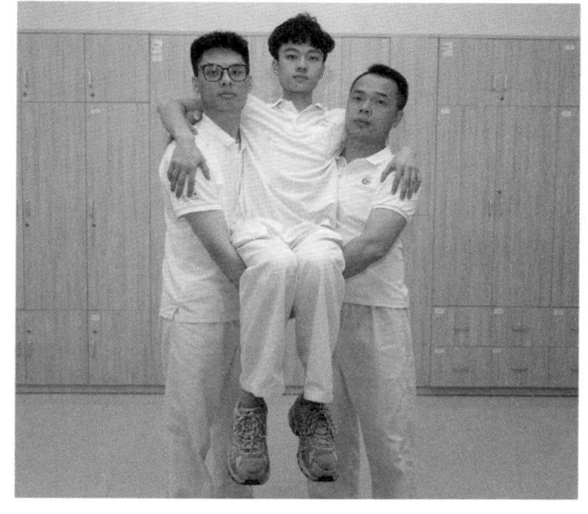

椅托式双人徒手搬运法

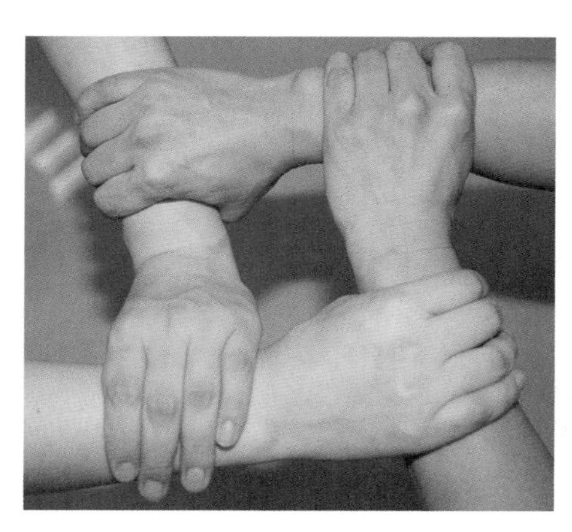
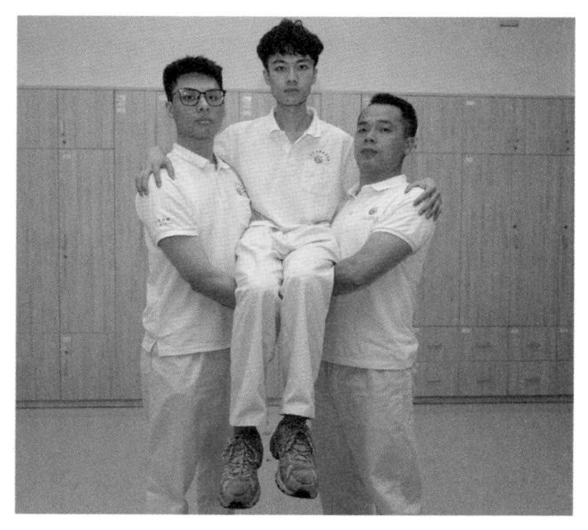

杠轿式双人徒手搬运法

拉车式双人徒手搬运法

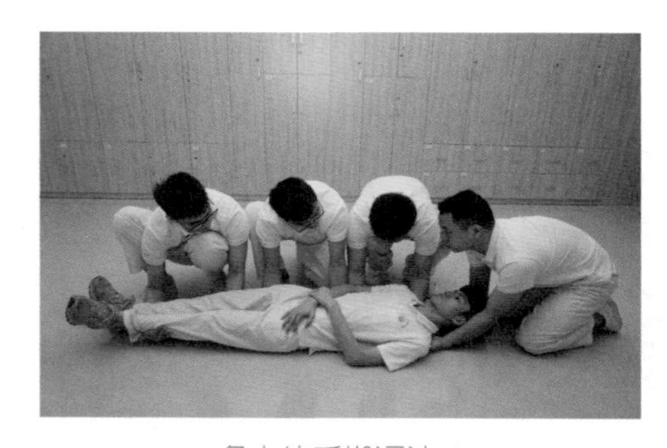

多人徒手搬运法 1

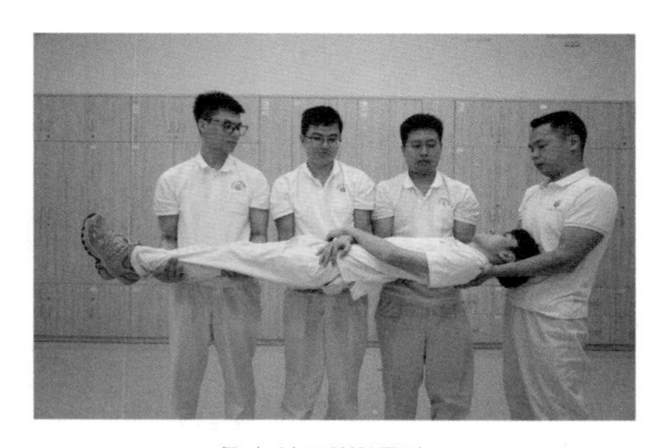

多人徒手搬运法 2

2. 担架搬运法

担架搬运法是较好的现场急救搬运方法。在没有现成的担架而又需要担架搬运伤员时，常用气垫、毛毯或门板自制成担架。

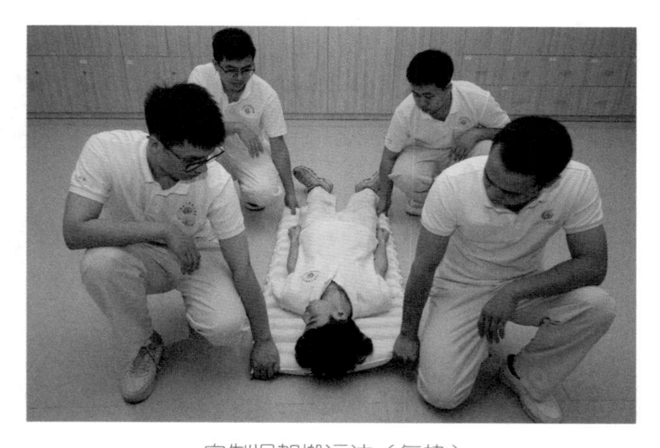

自制担架搬运法（气垫）

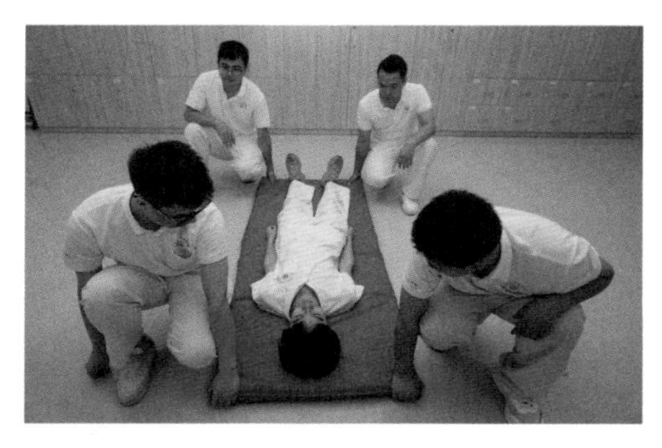

自制担架搬运法（毛毯）

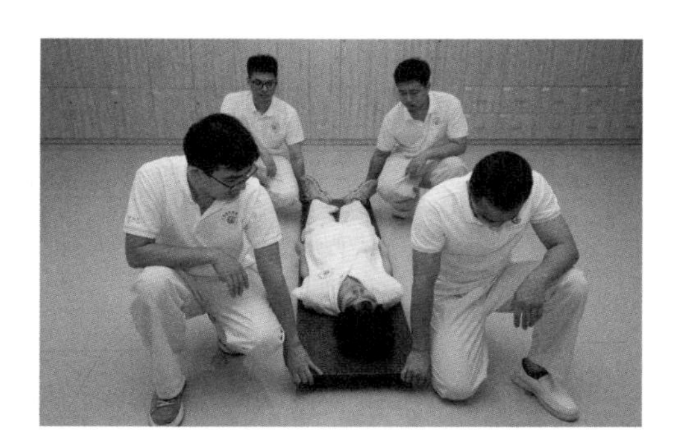

自制担架搬运法（门板）

3. 车辆搬运法

车辆搬运伤员受气候影响小，速度快，能及时将伤员送到医院抢救，尤其适合较长距离运送。轻伤伤员可坐在车上，重伤伤员可躺在车里的担架上。重伤伤员最好用救护车运送，缺少救护车的地方，可用一般汽车代替。上车后，胸部受伤的伤员取半卧位或坐位，颅脑受伤的伤员应使其头偏向一侧。

三、搬运的注意事项

必须先急救，妥善处理后才搬运。

在搬运过程中，尽可能不摇动伤员的身体。遇脊柱受伤者，应将其身体固定在担架上，用硬板担架搬送，切忌一人抱胸、另一人搬腿的双人搬运法，因为这样会加重脊髓损伤。

运送伤员时，随时观察其呼吸、心搏、体温、出血、面色变化等情况，注意其姿势，为其保暖。

在人员、器材未准备完善时，切忌随意搬运。

拓展阅读

特殊伤员的急救搬运注意事项

对于脊柱损伤的伤员，注意采用硬板担架，3～4人同时协作搬运，固定伤员颈部使其不能前屈、后伸、扭曲。

对于颅脑损伤的伤员，注意采用半卧位或侧卧位。

对于胸部伤的伤员，注意采用半卧位或坐位。

对于腹部伤的伤员，注意采用仰卧位、屈曲下肢，宜用担架搬运。

对于呼吸困难的伤员，注意采用坐位，最好用担架（或椅）搬运。

对于昏迷的伤员，注意采用平卧位，头转向一侧或侧卧位。

对于休克的伤员，注意采用平卧位，不用枕头，脚抬高。

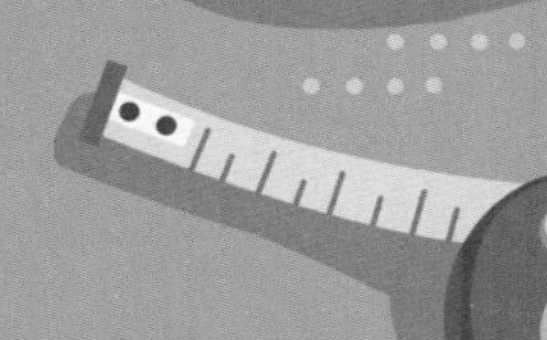

第4节 心肺复苏操作与AED的使用

学习目标

- 掌握心搏骤停的判断方法。
- 掌握心肺复苏的操作与 AED 的使用方法。
- 熟悉心肺复苏操作与 AED 的使用注意事项。

一、心搏骤停的判断方法

在院外判断心搏骤停，主要方法是先观察伤员是否有意识，然后检查伤员是否有呼吸和脉搏。

判断心搏骤停并不难，发现伤员突然失去知觉，对疼痛等刺激都没有反应，胸腹部无起伏，颈动脉和股动脉也摸不到搏动，基本就可以判断为心搏骤停。

二、心肺复苏的操作方法

心肺复苏被公认为“世界第一救命技术”，是指救护人员在现场为心搏骤停者实施胸外心脏按压及人工呼吸的技术。

心搏骤停急救的黄金时间通常是 4 分钟之内，因此一旦发现，必须马上进行心肺复苏急救操作，必要时配合使用 AED。心肺复苏的操作方法主要包括胸外心脏按压、开放气道、人工呼吸。

1. 胸外心脏按压

首先将伤员放置于平整的硬地面或硬板床上，呈仰卧位，头偏向一侧。然后急救人员双膝分开跪在伤员的一侧，并将左掌掌根部位放置于伤员的胸骨中下段，右手掌按压在左手背上，利用上身的力量向下按压，按压深度为 5 ~ 6 厘米，按压频率为 100 ~ 120 次 / 分钟。

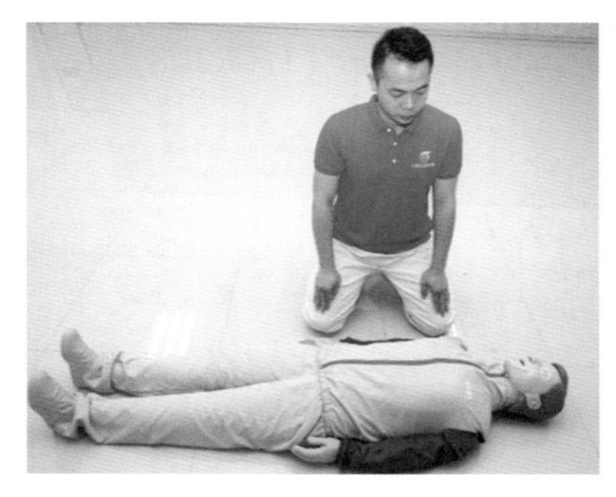

胸外心脏按压姿势

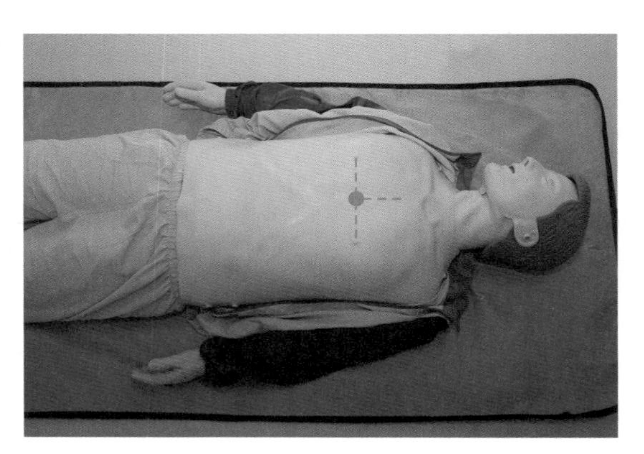

胸外心脏按压部位

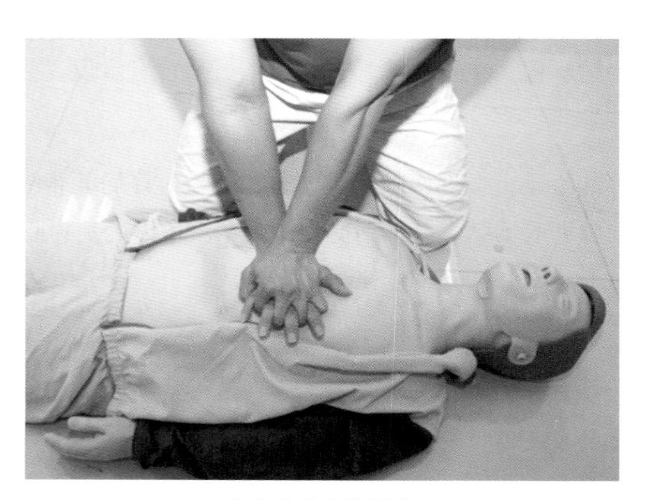

胸外心脏按压操作

2. 开放气道

急救人员将左手放在伤员的前额，右手放在伤员的下颌，向上缓慢抬起，使伤员的头部后仰，双侧鼻孔朝上。

3. 人工呼吸

做口对口的人工呼吸时，急救人员先深吸一口气，要用自己的双唇完全包裹伤员的口外部，均匀地吹气。单人同时进行胸外心脏按压与人工呼吸次数比例为30∶2。

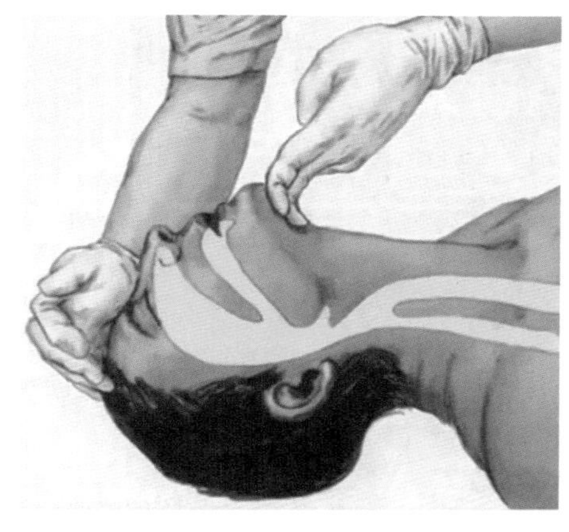

开放气道

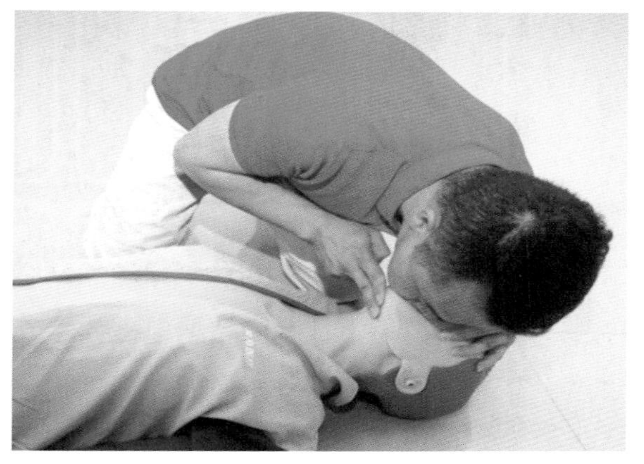

口对口人工呼吸

AED是自动体外除颤器的简称，又称为自动体外电击器、自动电击器、心脏除颤器等。它是一种便携式的医疗设备，可以诊断特定的心律失常，并且给予电击除颤。AED是可被非专业人员使用的用于急救心搏骤停者的医疗设备，常在心肺复苏时使用，能有效提高急救的成功率。

AED的使用方法可以按照其语音指示进行。

三、心肺复苏操作与AED的使用注意事项

1. 心肺复苏操作的注意事项

（1）要准确判断心搏是否骤停，以确认是否需要进行心肺复苏急救。

（2）在进行心肺复苏时，要确保伤员的呼吸道通畅。如果伤员的口腔内有异物或呕吐物，应及时清除，防止阻塞呼吸道。

（3）在进行心肺复苏时，急救人员需要确保自己和伤员的安全。如果现场存在危险环境，如火灾、有毒气体等，应先将伤员转移到安全场地，确保周围环境安全后才能进行操作。

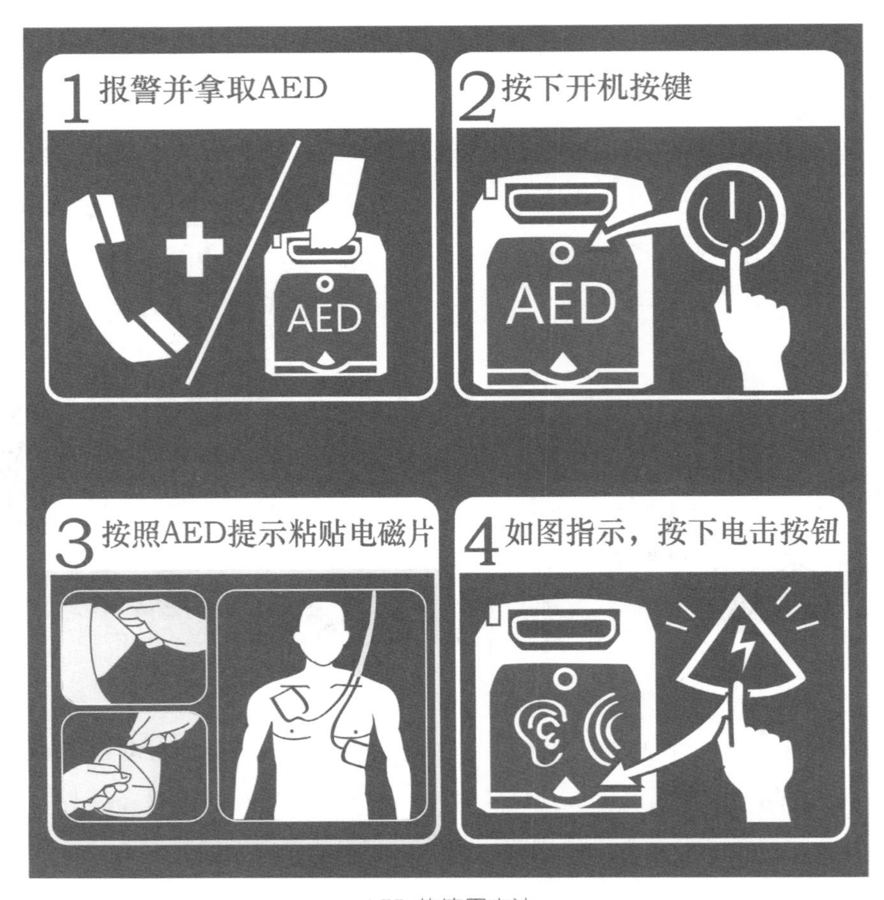

AED 的使用方法

（4）严格按照心肺复苏的操作流程和方法进行。

（5）做人工呼吸时，向伤员肺内吹气不能太急太多，胸廓隆起即可，以免引起胃扩张。

（6）进行胸外心脏按压时，用力要均匀且不可过猛，以免造成肋骨骨折或胸骨骨折等损伤。

（7）心肺复苏需要持续进行，直到伤员恢复自主呼吸和心搏或者专业急救人员到达现场。不要轻言放弃，为了缓解疲劳，可以多人轮流施救。在进行心肺复苏操作的同时，应尽快拨打“120”急救电话，通知专业急救人员前来帮助。

2. AED 的使用注意事项

（1）打开电源后，一定要在 AED 的语音提示下进行每个步骤的操作，不要提前操作或者操作迟缓。

（2）由于AED在除颤过程中需要进行放电，瞬间可达到200焦耳左右的能量，所以在按下通电按钮后要立刻远离伤员并通知附近其他人员注意。

（3）在使用AED时，贴电极片的位置可以选择前侧位或者前后位。前侧位是指一片电极片放在伤员右锁骨的正下方，另一片放在左侧乳头的外侧。前后位是指一片电极片放在伤员左侧的胸部，大多放在胸骨和乳头之间，另一片贴在背部的左侧挨着脊柱的部位。

拓展阅读

AED是抢救心搏骤停病人的“利器”，被称为“救命神器”，许多地铁站、商场、机场等人流密集的公共场所都会配备一台AED，紧要时刻方便使用。

近年来，企业职工心搏骤停概率增加，工厂、写字楼等人员密集场所也是AED投放的重要区域。

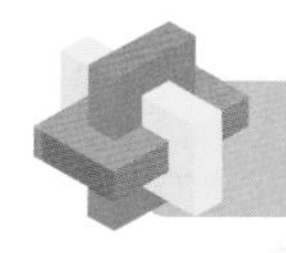

专家提示

发生心搏骤停之后，脑血流会突然中断，10秒左右出现意识丧失的情况，4分钟后大脑细胞开始出现不可逆的损害，只有得到及时救治的患者才有可能存活。抓住这宝贵的“黄金4分钟”，施与正确的心肺复苏，约50%的患者可以成功复苏，随着时间增加，复苏的概率相应减少。如果在专业急救人员到来之前，现场第一时间有人进行心肺复苏和使用AED急救，可极大提高患者的生存概率。

第5节 海姆立克急救法

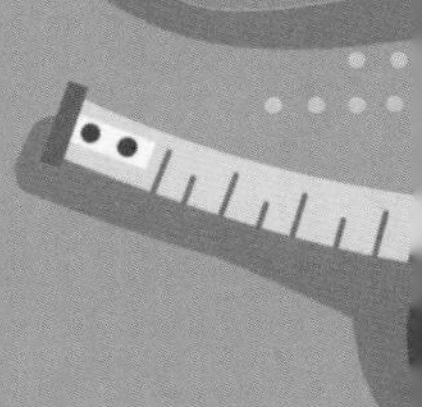

学习目标

- 熟悉海姆立克急救法及其适用人群。
- 掌握海姆立克急救法的操作要点。
- 掌握海姆立克急救法操作的注意事项。

一、海姆立克急救法及其适用人群

海姆立克急救法是 20 世纪 70 年代由美国医生海姆立克研究发明的，被美国医学会以他的名字命名的一项急救技术。

海姆立克急救法不仅适用于所有成人、儿童发生的食物、异物等造成的呼吸道梗阻，还适用于及时阻止窒息、昏迷、心搏骤停等危急情况的发生。

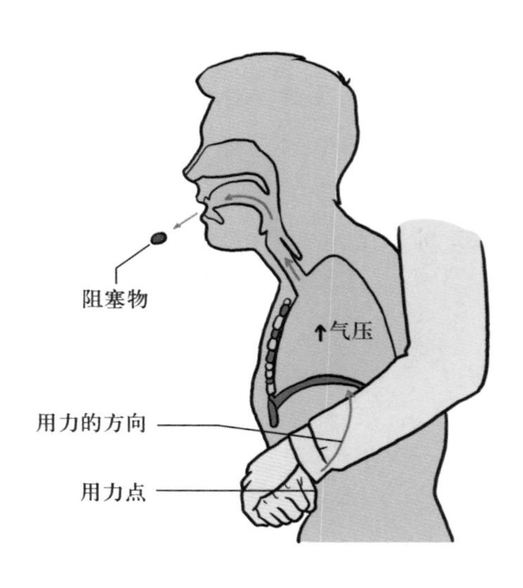

二、海姆立克急救法的手法和操作要点

1. 海姆立克急救法的手法要点

（1）剪刀。两个手指呈剪刀样后并拢。海姆立克急救法的按压点在肚脐上方两横指以上的位置。首先是找到患者肚脐的位置。然后将两根并拢的手指横放在肚脐以上，即可找到按压点。

（2）石头。一只手握拳，拇指侧的拳眼放在按压点上。

（3）布。另一只手伸开后抱拳，然后用向上、向内的力量，冲击患者的上腹部。

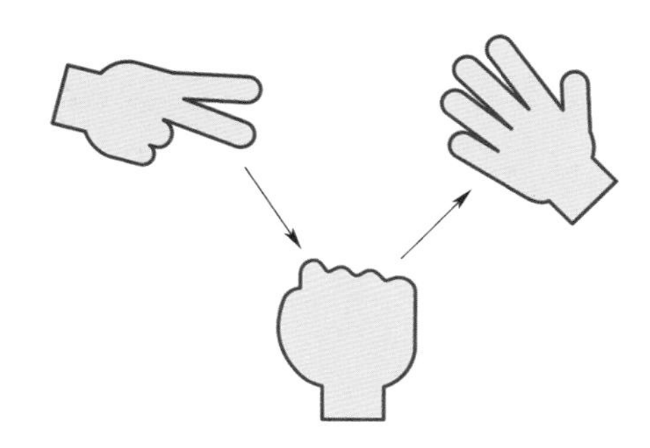

2. 海姆立克急救法的操作要点

（1）施救者站在急救对象的背后，用双臂环绕其腰部。

（2）施救者按照手法要点，快速向上冲击压迫急救对象的上腹部。注意不能用拳击打，不要挤压胸廓，用手上的力量挤压而不用双臂的力量挤压。重复操作直到异物排出为止。

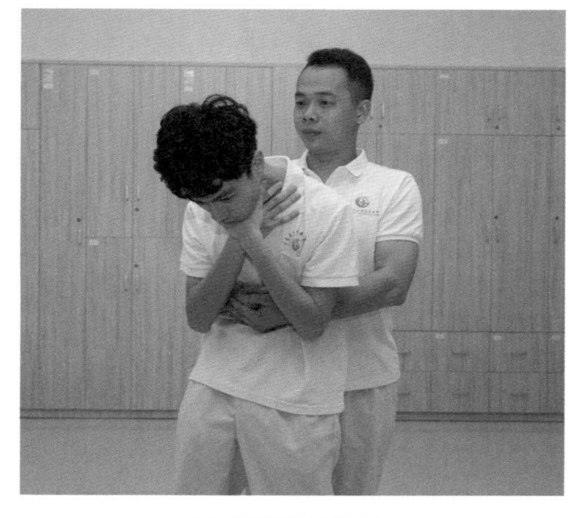

海姆立克急救法

（3）如果急救对象已经失去意识，可使其仰卧，施救者面对急救对象，骑跨在其髋部，双手交叠，将处在下面的手掌根放在胸廓以下、肚脐以上的腹部，用施救者身体的重力快速冲击压迫急救对象的腹部。反复操作直到异物排出为止。

（4）个人海姆立克自救法。自己用拳头压上腹部，也可将上腹部压在圆钝的椅背、桌缘、栏杆等处，连续弯腰用力挤压腹部，直到异物排出。如果四周没有物品也没有人帮助的话，可一手握拳，另一手包住拳头，拳眼对准自己肚脐以上两横指位置，快速冲击、反复按压自己腹部，直到异物排出。

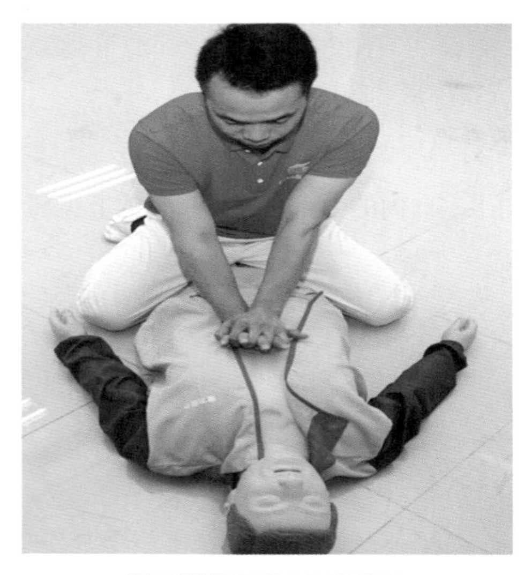

无意识者海姆立克急救法

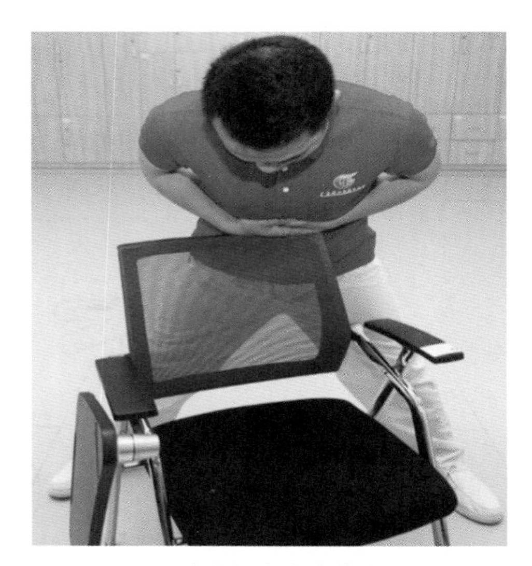

个人海姆立克自救法

三、海姆立克急救法操作注意事项

海姆立克急救法虽卓有成效，但也可能产生并发症，例如对于肝脾肿大的患者和肋骨骨折的患者不可以采取这种方法，因为有引起肝脾破裂的可能或加重肋骨的骨折。使用海姆立克急救法成功后，仍需将急救对象送至医院进行相关检查。

专家提示

遇到异物卡住气道的时候该怎么办？应立即判断气道是否被完全阻塞。气道完全被阻塞后，人无法呼吸或者呼吸极其费力、无法正常咳嗽，会因缺氧而脸色变紫。反之，如果呼吸正常，还能咳嗽，就说明气道没有被完全阻塞。如果气道没有被完全阻塞，可以通过咳嗽排出异物；如果发现气道已经完全阻塞了，就需要立即采取海姆立克急救法。

第6节 烧烫伤现场急救

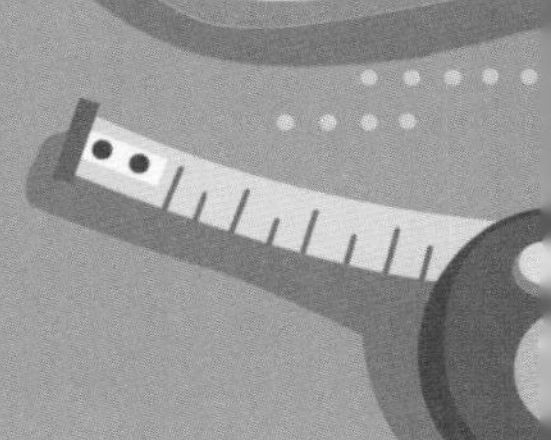

学习目标

- 熟悉烧烫伤的伤情初步判断。
- 掌握烧烫伤现场紧急处理方法。
- 了解处理烧烫伤的误区。

一、烧烫伤的伤情初步判断

烧烫伤根据创伤深度可分为Ⅰ度烧烫伤、浅Ⅱ度烧烫伤、深Ⅱ度烧烫伤和Ⅲ度烧烫伤，需要根据伤情进行分度判断。

1. Ⅰ度烧烫伤

烧烫伤伤到皮肤浅层，面积比较小，程度比较浅。烧烫伤部位皮肤呈现红色，伴有疼痛症状，比较干燥。

2. 浅Ⅱ度烧烫伤

烧烫伤面积比较大，伤及部分表皮层或累及真皮浅层。烧烫伤部位皮肤表现为发红或出现大小不等的水疱，按压时疼痛感比较强烈。

3. 深Ⅱ度烧烫伤

烧烫伤会累及真皮深层，面积较大，程度也比较深。烧烫伤部位皮肤表现为发红、麻木的状态，疼痛感较迟钝，并伴有水疱、渗液等症状，去疱皮后创面基底呈红白相间或猩红色。

4. Ⅲ度烧烫伤

全层皮肤出现烧烫伤状态，累及筋膜、肌肉及骨骼，属于严重的烧烫伤。烧烫伤部位出现不同颜色的痂皮，可呈白色、灰色或焦炭色，创面干燥，没有水疱，失去弹性，伤员可能还伴有休克、中毒和呼吸道吸入性损伤等。

二、烧烫伤现场紧急处理方法

烧烫伤现场急救的原则是，尽快脱离热源，迅速离开现场，开展现场紧急处理；观察伤员的生命体征，如意识、呼吸、脉搏，如果有问题，立即进行心肺复苏，并且拨打“120”急救电话求援。

烧烫伤现场紧急处理方法可总结为五字口诀：冲、脱、泡、盖、送。

1. 冲

将烧烫伤部位用干净的流动冷水冲洗至少 10 分钟，水流不宜过急。流动的冷水可迅速带走局部热量，减少进一步热损伤。如果疼痛感较重，可延长冲洗的时间。

2. 脱

在冷水中，将覆盖伤口表面的衣物脱去，但不可强行剥脱，必要时可以用剪刀剪开衣物，要确保剪刀头朝上，以免被剪刀伤到或弄破水疱。水疱表皮在烧烫伤早期有保护创面的作用，能够减轻疼痛，减少渗出，因此不要强行挑破。

3. 泡

将烧烫伤的部位在冷水中持续浸泡 10 ~ 30 分钟，这样可缓解疼痛并进一步散发热量。但对于大面积烧烫伤伤员以及儿童和老年伤员，要注意控制浸泡时间和水温，以免造成体温过度下降。

4. 盖

经过以上处理后，以洁净或无菌的纱布、毛巾覆盖伤口并固定，以减少外界的污染和刺激，有助于维护创口的清洁，同时能减轻疼痛。对于颜面部烧烫伤，伤员应采取坐姿或半卧位，使用清洁无菌的布料，在口、鼻、眼、耳等部位剪洞后，轻柔地覆盖在面部。

5. 送

如果情况较为严重，应将伤员及时送至可治疗烧烫伤的专科医院进行治疗。

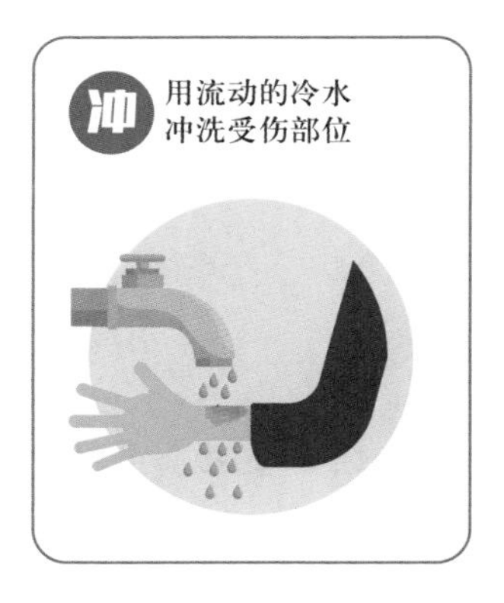

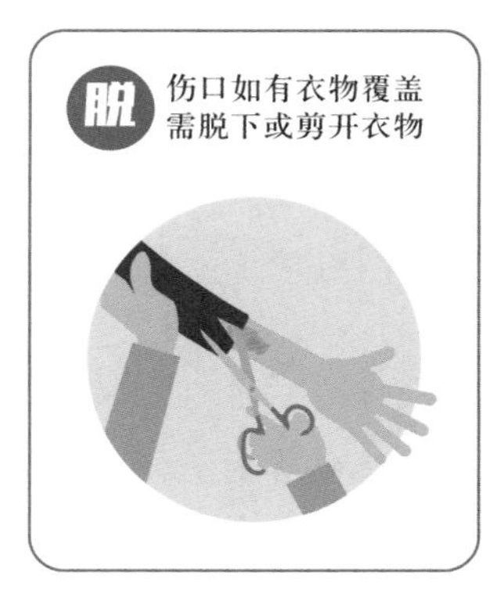

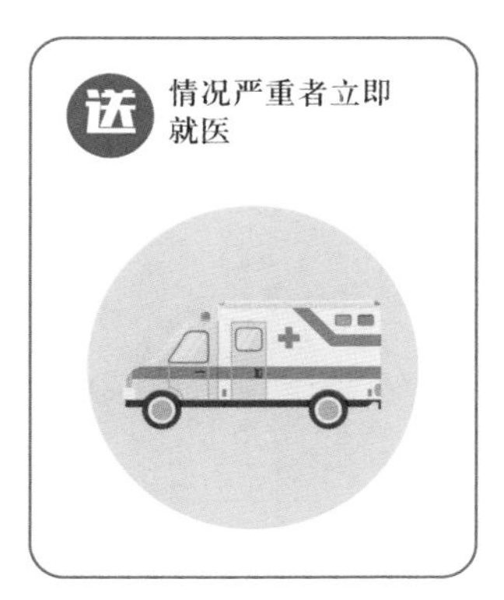

三、烧烫伤处理的误区

误区 1：用冰块冰敷烧烫伤部位。这样容易造成皮肤冻伤。

误区 2：在伤口上涂抹牙膏。这样会导致皮肤热气无处散发，只能往皮下组织深处扩散，从而造成更深层的伤害，还会增加创面恢复的难度。

误区 3：在伤口上涂抹酱油。这样不仅会加重创面脱水、损伤，还会因为颜色掩盖创面，影响医生对创面情况的判断。

误区 4：生石灰烧烫伤后直接用水冲洗。这会导致生石灰与水反应散发大量热，加重烧烫伤程度。

误区 5：烧烫伤后抹有色药水。红药水含重金属汞，且杀菌效果较差。紫药水会在烧烫伤创面结一层痂，导致创面情况被掩盖，影响创面情况的判断。

误区 6：大量饮水。严重烧烫伤伤员口渴时，若短时间内饮大量的凉白开水，会导致伤员出现脑水肿。

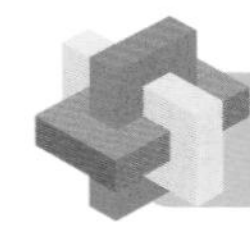

专家提示

如果需要挑破水疱，应使用经过消毒的锐器或无菌针小心操作。

使用烧伤膏时，不需要先消毒，可以直接将膏药涂于创面，涂抹厚度约为 1 毫米。

为了防止感染，创面所用敷料要保持干燥，不能沾水。

采用湿润暴露疗法时，创口不要包扎。

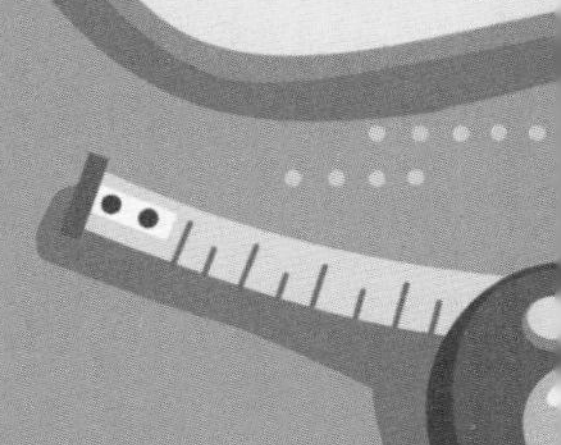

第7节 中暑现场急救

学习目标

- 了解中暑及其典型症状。
- 熟悉中暑现场急救的原则。
- 掌握中暑现场急救的注意事项。

一、中暑及其典型症状

1. 中暑及其判断

中暑是指在高温、高湿环境下，由于长时间暴露于热环境下而导致的一种热应激反应所引起的疾病。

中暑一般可以根据症状体征来进行判断，如口渴、恶心、胸闷、心悸等。轻度中暑患者一般会出现恶心呕吐、出汗、皮肤湿冷等症状，重度中暑患者会出现痉挛、惊厥、昏迷等神经系统症状。

2. 不同程度中暑的典型症状

（1）先兆中暑。先兆中暑是指在暴露于高温环境时，出现大汗、四肢无力、头晕、口渴、头痛、注意力不集中、眼花、耳鸣、动作不协调等症状，可能伴有体温升高。若在此时迅速脱离高温环境，转移到阴凉处，及时通风降温并补充冷盐水，通常短时间内就可以恢复。

（2）轻度中暑。先兆中暑症状继续加重则进入轻度中暑状态，会出现体温上升到 38 ℃以上，并且出现皮肤灼热、面色潮红或脱水（如四肢湿冷、面色苍白、血压下降、脉搏增快等）症状。轻度中暑采用和先兆中暑相同的处理方式，一般在数小时内可恢复。

（3）重度中暑。重度中暑包括热痉挛、热衰竭和热射病三种类型。

1）热痉挛多见于健康青壮年，表现为在高温环境下作业过程中或作业后出现短暂性的、间歇发作的肌肉抽动，一般持续时间约 3 分钟。热痉挛患者常常无明显的体温升高表现，通常与在大量出汗的情况下，只补充水分而没能补充盐分，体内大量缺钠或者过度通气有关。

2）热衰竭多见于老年人、儿童和慢性疾病患者。热衰竭患者易出现以血容量不足为特征的一组临床综合征，表现为多汗、疲劳、乏力、眩晕、头痛、判断力下降、恶心和呕吐等。此时患者体温升高，无明显神经系统症状，如不能及时诊治可发展为热射病。

3）热射病多因长时间处于高温、高湿、无风的环境中进行高强度重体力劳动而导致或在体育运动一段时间后产生。热射病患者易出现发热、头痛、晕倒、神志不清等症状，继而体温迅速升高，可达 40 ℃，出现谵妄、嗜睡和昏迷症状。热射病患者可伴有横纹肌溶解、急性肾衰竭、急性肝损害、弥散性血管内凝血等多脏器功能衰竭表现，病情恶化快，致病死率极高。

二、中暑现场急救的原则

中暑现场急救应遵循移、降、掐、补、送五字原则。

（1）移。快速、安全地将中暑患者移至通风阴凉处，让患者平躺以保证呼吸通畅，去除患者身上紧身、潮湿的衣物，换上宽松、干燥的衣物。

（2）降。快速降温。将湿毛巾、冰袋等放置于中暑患者腋下、颈动脉、腹股沟或腘窝等处，或用稀释后的酒精擦拭身体以帮助降温。

（3）掐。如果遇到已昏迷的中暑患者，可用大拇指指腹掐其人中穴，促进其苏醒。

（4）补。给中暑患者饮用淡盐水或葡萄糖盐水，进行补液。

（5）送。送至就近医院救治。

案例分析

2023年7月的一个下午，某建筑工地的一名工人突然晕倒在地，在场同事赶紧前往查看，发现该患者呼吸心搏未停，初步判断为中暑导致。有同事马上报告上级主管并拨打“120”急救电话，同时其他同事将患者转移到阴凉的平地上躺下，换下已汗湿的衣服，打开电风扇通风，用稀释后的酒精擦拭身体，用大拇指指腹掐患者人中穴。经过几分钟的急救，患者苏醒过来了，同事又给他补充了一些淡盐水，救护车到来后陪送到附近医院继续救治。

点评：此次现场急救过程中，因工人们在上岗前均进行了中暑急救知识的培训和演练，对中暑的判断和处理比较到位，患者很快康复并回到了工作岗位。

三、中暑现场急救的注意事项

（1）当中暑发生时，应立即将患者移到阴凉、安全处，确保空气流通，并及时采取降温措施以帮助患者降低体温。

（2）中暑之后不可大量饮用白开水，否则容易引起热痉挛。

（3）中暑恢复后短时间内不吃生冷瓜果和油腻食物。

（4）中暑患者在恢复期间，应避免剧烈运动，保持充足休息。

拓展阅读

夏季自制解暑饮品

自制绿豆百合汤。功效：清热解毒、安神润肺。原料：纯净水适量，绿豆300克，鲜百合100克，冰糖适量，心火烦躁者可加莲子50克。

自制酸梅汤。功效：生津止渴。原料：纯净水适量，乌梅 100 克，山楂干 300 克，甘草 30 克，冰糖适量。

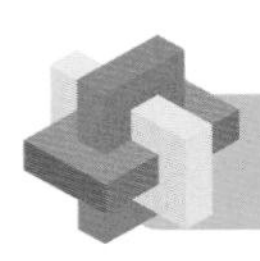

专家提示

中暑是法定职业病中的一种。

在高温、高湿环境下作业导致的中暑，可申请工伤认定，符合条件的可享受工伤保险待遇。

在高温、高湿环境下，青壮年突然出现下肢股四头肌痉挛或疼痛，要注意热痉挛的发生和现场急救，以免导致生命危险。

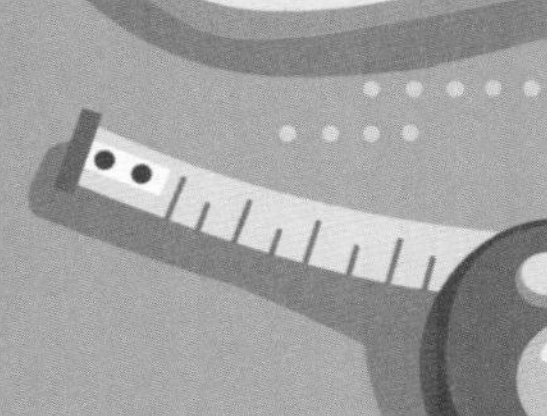
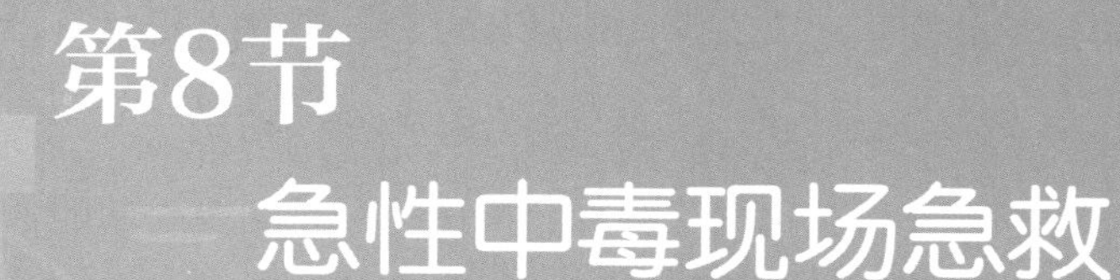

第8节 急性中毒现场急救

学习目标

- 了解急性中毒的判断与分类。
- 掌握急性中毒的急救原则与方法。
- 熟悉急性中毒急救的注意事项。

一、急性中毒的判断与分类

1. 急性中毒的判断

急性中毒是指毒物进入人体后，通过生物化学或生物物理作用，使组织器官快速产生功能障碍和结构损害，引起机体病变。急性中毒的判断要点包括以下两点。

（1）中毒病史。生产性中毒患者应了解其职业史、工种、生产过程、接触毒物的种类和数量、中毒途径、同伴发病情况等。非生产性中毒患者，要了解其生活、精神状态、中毒者本人和家人平时的服药情况。应注意调查中毒环境，收集患者身边可能盛放毒物的容器、纸袋和剩余毒物。群体中毒时，应现场核实毒物种类、中毒途径等。

（2）毒物检测。毒物检测是急性中毒唯一客观确诊的方法。可以从容器、剩余毒物、可疑食物、染毒水和空气、中毒者的呕吐物、胃内容物中检测其毒物的类别。

2. 急性中毒的分类

急性中毒的类型很多，按毒物种类可分为下列 7 类。

（1）工业性毒物中毒。例如化学溶剂、油漆、汽油、氰化合物、甲醇、硫化氢等引起的急性中毒。

（2）农业性毒物中毒。例如有机磷农药、化学除草剂、灭鼠药和化肥等引起的急性中毒。

（3）药物过量中毒。许多药物（包括中药）使用过量均可导致中毒，例如抗癫痫药、退热药、麻醉镇静药、抗心律失常药等引起的急性中毒。

（4）动物性毒物中毒。例如毒蛇、蜈蚣、蜂、蜘蛛、河豚等引起的急性中毒。

（5）植物性毒物中毒。例如野蘑菇、乌头、银杏等引起的急性中毒。

（6）食物性毒物中毒。例如过期或霉变食品、腐败类食物、有毒食品添加剂等引起的急性中毒。

（7）其他中毒。例如强酸、强碱、一氧化碳、洗涤剂等引起的急性中毒。

二、急性中毒的急救原则

急性中毒的急救原则可总结为七字口诀：止、排、送、除、特、对、防。

（1）止即中止，立即中止接触毒物。口服中毒者应停止口服，经呼吸道吸入中毒者要迅速脱离中毒环境。如果中毒者身上衣物存在毒物，应立即换掉。皮肤上如果有毒物沾染，应立即使用清水清洗皮肤，避免毒物由皮肤吸收进入体内。

（2）排即促排，促进已吸收的毒物排出体外，包括饮水促排、催吐洗胃等。

（3）送即送医院。发现有人中毒，要尽快送往医院处理。

（4）除即清除，清除进入体内已被或尚未被吸收的毒物，如血液透析、血浆置换等。

（5）特即特效，使用特效解毒剂。例如苯二氮䓬类药物中毒，可使用氟马西尼进行解毒。

（6）对即对症，对症治疗。急救要维持血压、呼吸、心搏等生命体征的稳定，针对抽搐、惊厥、脑水肿等症状应给予对症处理。

（7）防即防治，防治并发症。例如对中毒及其治疗过程中的褥疮、吸入性肺炎、静脉血栓形成等并发症的预防与治疗。

三、常见急性中毒的急救方法

掌握一些常见的急性中毒的急救方法至关重要，表 4–2 列出了一些常见毒物所致急性中毒的急救方法及其作用原理。

表 4–2　　常见毒物所致急性中毒的急救方法及其作用原理

毒物	急救方法（或解毒物）	作用原理
一氧化碳	立即给予充足的氧气甚至高压氧治疗	增加血液中氧的浓度
硫化氢	呼吸新鲜空气，松开衣领，保暖，高压氧治疗	增加血液中氧的浓度
氨气	立即脱去污染衣物，用流动清水冲洗污染身体部位，至少冲洗 30 分钟	中断毒物损害
二氧化碳	立即输氧，保持呼吸道通畅，气道如果有分泌物立即吸出	增加血液中氧的浓度
甲醇	乙醇	抑制代谢
苯	立即脱离现场，脱去污染衣物，用肥皂水或清水冲洗污染身体部位，经口须洗胃	中断毒物损害
氰化物	牛奶、鸡蛋清	保护胃黏膜
草酸盐	牛奶、石灰水	生成草酸钙
福尔马林	0.1% 氨水	生成无毒物
石炭酸	植物油（蓖麻油）	延缓吸收
碘	面糊、米汤	使碘无活性
高锰酸钾	维生素 C	还原作用
腐蚀性酸	弱碱（石灰水）、牛奶、蛋清、豆浆、肥皂水	中和
腐蚀性碱	弱酸（稀醋）、果汁、牛奶、豆浆、蛋清、浓茶	中和
汞中毒	牛奶、蛋清、豆浆、2.5% 碳酸氢钠、硫代硫酸钠	沉淀作用

四、急性中毒急救的注意事项

在急性中毒急救过程中，要注意保持中毒者呼吸道通畅，密切观察其病情变化，严格记录出入液量。应保证患者的营养和休息，预防感染和惊厥等并发症的发生。同时要加强宣传教育，普及防毒知识，预防发生急性中毒事故。

拓展阅读

常见毒物所致急性中毒的特效解毒剂

苯二氮䓬类药物所致急性中毒的特效解毒药为氟马西尼。

三环类抗抑郁药所致急性中毒的特效解毒药为毒扁豆碱。

阿片类药物所致急性中毒的特效解毒药为纳洛酮和烯丙吗啡。

有机磷农药所致急性中毒的特效解毒药为碘解磷定。

香豆素类杀鼠药所致急性中毒的特效解毒药为维生素 K_1 注射液。

氟乙酰胺所致急性中毒的特效解毒药为乙酰胺。

氰化物所致急性中毒的特效解毒药包括亚硝酸异戊酯、亚硝酸钠、亚甲蓝、硫代硫酸钠等。

特殊解毒剂适应证口诀：二巯丙醇解砷、汞、锑；二巯丁二钠解砷、汞、铅、锑；硫代硫酸钠解砷、汞、铅、氰化物；依地酸钙钠、青霉胺解铜、铅。

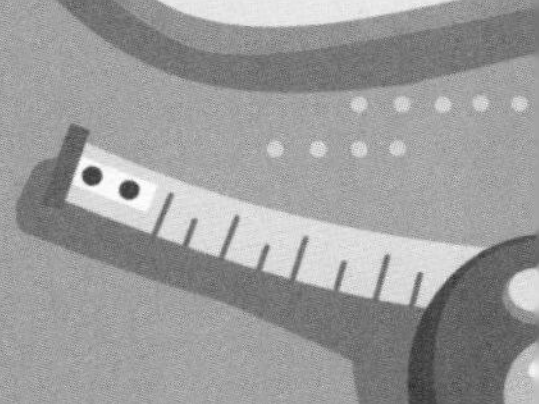

第9节 肢体离断现场急救

学习目标

- 了解肢体离断现场急救的原则。
- 掌握离断肢体的正确保存方法。

一、肢体离断现场急救的原则

现场急救肢体离断伤的常见部位有手指、脚趾、四肢。如果发现了肢体部分离断或者全部离断的伤员，应及时做好现场检查与急救，观察其生命体征，及时转运至有条件的医院治疗。

1. 关

发现有人发生机械切割伤时，应先关闸停机，防止机械转动碾碎离断肢体或对其他部位继续伤害。

2. 止

对于离断肢体的残端，应迅速进行直接加压止血，使用干净敷料、弹性绷带加压包扎。局部加压包扎仍不能止血时，可使用止血带。在处理较大的动脉断端出血，如位置较高腋动脉出血时，若局部加压或止血带效果不佳，可用止血钳将血管残端夹住止血，但需注意不应过多地钳夹近端的血管，以免造成过多的血管损伤。对于不完全离断伤，可使用夹板进行固定，以确保在转运过程中的稳定，并防止组织损伤进一步加重。

3. 叫

发现有人遭受肢体离断伤害，应立即呼叫周围人员提供支援，并迅速拨打“120”急救电话，请求专业医疗救护。

4. 保

应妥善保护好离断的肢体。对于完全离断的肢体，适当的保存措施可减缓其组织变性，从而延长再植时的时间窗口，为再植成功创造有利条件。

5. 送

在进行止血和包扎的同时，应等待专业医疗救护人员到现场。当救护车抵达现场时，除了将受伤人员安全送上救护车外，还必须将离断的肢体妥善交给救护人员。

案例分析

2023 年 7 月下旬的一个下午，在某机械厂，一名刚毕业不久的学生因前一天晚上沉迷于游戏，导致第二天下午上班时精神不集中。在操作切割机器时，他的手指被机器割断，当时鲜血直流，疼得昏倒在地。在场的同事发现后，迅速跑过来，其中一人将机器拉闸停电，并立即拨打“120”急救电话，并电话报告了安全主管。另一人马上拿来急救箱，然后两人协作对伤员进行了加压包扎止血，并详细记录止血的时间。

当安全主管到达现场时，同事们已经成功为伤员做好了止血包扎，然而发现离断的手指仍遗留在机器里无人处理。安全主管马上安排同事将离断的手指用纱布小心包裹好放入塑料袋中，然后又让同事拿来冰块，将冰块放入另一个更大的塑料袋中，再将装有离断手指的小塑料袋放入其中，并在大塑料袋上写上伤员名字和时间。为了减少等待时间，安全主管决定亲自开车与救护车会合，并将离断肢体与伤员一起送到医院。伤员经手术治疗和康复训练后，手指功能恢复得相当好。

点评：这次现场急救中表现出色的方面包括 4 项。一是及时拉闸停电，有效防止了进一步的伤害并避免了机器碾碎离断肢体；

二是在处理动脉出血时，采用了加压包扎止血法；三是妥善保存了离断肢体；四是尽力缩短救治时间，为断指再植手术赢得了宝贵时间。

二、离断肢体的正确保存方法

正确保存离断肢体是再植成功的前提。离断肢体需要用低温方法妥善保存，可用敷料或洁净的毛巾、布料包裹离断的手指，外面再套一层洁净干燥的塑料袋，放入一个小容器内。天热时再将塑料袋放入装有冰块的大容器内，但不可直接将冰块与离断肢体放在一起。离断肢体经冷藏保存可以降低组织的新陈代谢，减缓组织变性，为再植手术创造条件。要注意，一是离断肢体要随同伤员一同送到医院，不能丢弃；二是离断肢体一般不要清洗，不能用棉花、卫生纸等包裹，也不能用盐水或酒精等浸泡使细胞组织变性。

离断手指的正确保存

专家提示

发生肢体离断时，应使用干净的棉布在断端部位加压包扎止血，而不能采用手帕、皮带等捆扎的方式止血，以免造成组织坏死。

不可在伤口上涂抹紫药水之类的药物，这样会影响医生对伤情的判断。

受伤后应立即就医，断指再植手术在伤后6～8小时内进行才能有一定的成功率。

第10节 踝关节扭伤现场急救

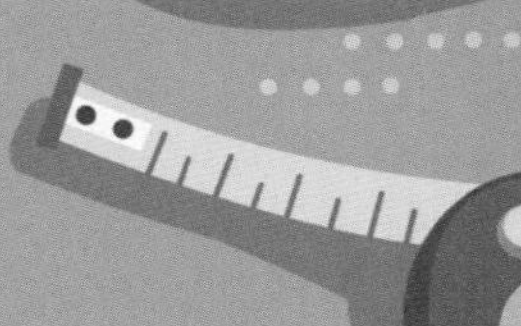

学习目标

- 了解踝关节扭伤的原因与症状。
- 掌握不同病程踝关节扭伤的治疗要点。
- 掌握踝关节扭伤的现场急救措施。

一、踝关节扭伤的原因与症状

扭伤是指关节周围的韧带组织因急性外力作用而发生的损伤，最常见于踝关节、膝关节和腕关节。当关节因一次活动超出其正常活动范围（如过度内翻或外翻）时，会导致关节周围的软组织（如韧带、肌腱、关节囊等）受到损伤。常见的踝关节扭伤通常是由于剧烈运动、负重持重时姿势不当、不慎跌倒、过度牵拉，以及在上下台阶或行走在高低不平的路面时，踝关节处于屈曲状态（类似踮脚）所引

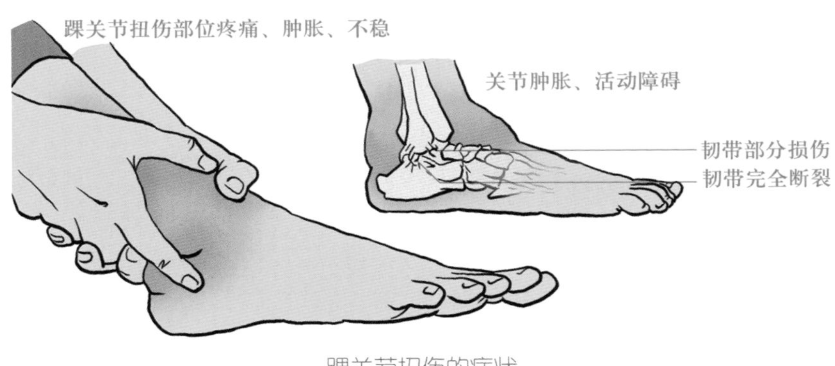

踝关节扭伤的症状

起的损伤。在这种情况下，如果踝关节发生内翻或外翻，且超过周围韧带能够调节的范围，就会导致踝关节周围韧带部分损伤或完全断裂，从而造成踝关节扭伤。

二、不同病程踝关节扭伤的治疗要点

根据病程发展的时间，扭伤可分为急性期、缓解期和康复期，这三个时期的治疗重点各不相同。

1. 急性期

急性期通常指的是受伤后的 48 小时之内。在这个时期，治疗的要点主要是固定、休息、冷敷、消炎镇痛、加压包扎以及抬高患肢。当发生踝关节扭伤且皮肤没有破损时，应立即进行冷敷（建议每 3 ~ 5 分钟更换一次冰袋或冷毛巾）或用冷水冲洗患处（也可以考虑将受伤部位浸泡在 10 ~ 15 ℃的冷水中），这样可以帮助血管收缩，从而有效减轻肿胀和疼痛的症状。如果扭伤后疼痛和肿胀非常严重，应尽快就医，并严格按照医生的建议进行检查和治疗。

2. 缓解期

这个时期通常从受伤后的 48 小时开始。在这个时期，可以采用热疗等物理治疗方法，并使用消肿止痛的药物，以促进组织间隙的渗出液尽快被吸收，从而加速扭伤部位的恢复。

3. 康复期

这个时期通常从受伤后的一周后开始，治疗的主要方法是理疗和功能锻炼，旨在帮助恢复扭伤部位的正常功能。

三、踝关节扭伤的现场急救措施

1. 局部保护

妥善保护受伤部位，避免二次伤害。若伤势较重，应及时赴医院治疗。必要时，可使用夹板或石膏进行固定，以限制踝关节的活动，避免损伤加剧。

2. 局部冷敷

通过冷敷可使局部血管收缩，从而减少出血和减轻肿胀。踝关节扭伤后的 48

小时内应进行冷敷，每次敷 15 ~ 30 分钟为宜。为避免冻伤皮肤，不应直接将冰块敷在患处，而应用毛巾包裹冰块。

3. 加压包扎

若出现皮下组织出血，应使用弹力绷带进行加压包扎以达到止血效果。

4. 抬高患肢

踝关节扭伤后，可适当抬高患肢，使受伤踝关节位置高于心脏，以促进静脉和淋巴回流，减轻肿胀。这也有助于促进血液循环，并在一定程度上缓解疼痛。

5. 药物治疗

若疼痛严重，可在医生指导下合理使用止痛药，如布洛芬缓释胶囊、双氯芬酸钠缓释片等。

案例分析

2023 年 11 月 17 日下午，在校运动会上，某班的学生王某在比赛时不慎扭伤了脚。他立刻坐到栏杆旁，并打电话请同学前来帮忙。胡同学迅速赶到现场，看到王某踝关节红肿，正打算为其按摩，但班长李同学及时赶到并阻止了胡同学。李同学指出，此时不应进行按摩，而应迅速将王某背回宿舍，避免其行走，并立即采用冷敷处理。于是，两位同学小心地将王某背回了宿舍，并对其进行了及时的冷敷。

点评：在踝关节扭伤的急性期，不应当进行按摩或热敷。正确的急救方式是先进行冷敷，以减少出血、减轻肿胀和缓解疼痛。等到 48 小时过后，可考虑进行热敷，以促进瘀血吸收，进一步减轻疼痛。李同学的处理方式是正确的，他及时阻止了可能加重伤势的按摩行为，并采取了适当的急救措施。

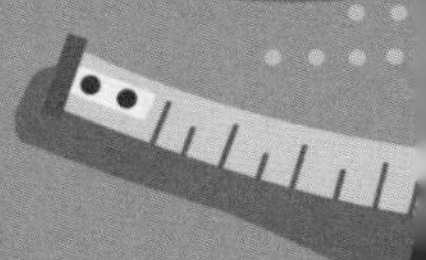

第11节 休克现场急救

学习目标

- 了解休克及其症状。
- 掌握休克现场急救措施。
- 掌握休克现场急救的注意事项。

一、休克及其症状

休克是指当机体受到强烈的致病因素侵袭后，由于有效循环血量的急剧减少，导致组织血流灌注水平广泛、持续且显著地降低，进而引发全身微循环功能障碍，使得重要器官功能严重障碍的综合症候群。休克有多种类型，包括低血容量休克、心源性休克、感染性休克、过敏性休克和神经源性休克等，它们的症状各异。

1. 低血容量休克

这类患者最初可能会感到乏力和口渴，随后会出现心慌和困倦。若未能及时急救，患者可能会表现出嗜睡、昏迷等症状，此时患者已基本丧失自我意识。

2. 心源性休克

这类患者在早期可能会感到心慌、胸闷、头晕和乏力，部分患者还会伴有胸痛。随着病情发展，患者可能会出现呼吸困难、大量咳痰、烦躁不安等症状，严重者甚至会出现嗜睡、昏迷等。

3. 感染性休克

这类患者的早期症状可分为两类。第一类是暖休克，患者可能会表现出面部潮红，感到乏力和心慌，症状相对较轻；第二类是冷休克，其早期症状包括四肢发冷、出冷汗和烦躁不安，后期可能出现嗜睡、昏迷等。

4. 过敏性休克

这类患者在早期可能会感到全身不适、口舌发麻、喉咙痒、头晕、心慌、胸闷、恶心以及烦躁不安。随着病情的发展，患者可能会出现全身出汗、呼吸困难以及濒死感。严重的情况下，患者可能会出现大小便失禁、昏迷等症状。

5. 神经源性休克

这类患者的症状主要与原发诱因有关，如剧烈疼痛、严重创伤后的心神不安等。此外，患者还可能会感到心跳加快、心慌不适等。

二、休克现场急救措施

一旦发现休克患者，应立即拨打“120”急救电话求救。及时的专业急救能够去除病因，迅速恢复有效循环血量，纠正微循环障碍，增强心肌功能，以恢复机体正常代谢。在等待专业急救人员到达现场期间，应迅速进行以下急救措施。

1. 保持休克体位

使休克患者平躺于地面或担架上，也可以将头和躯干抬高 10°～15°，下肢抬高 20°～30°，这样有助于膈肌下降，利于肺扩张，并能增加肢体回心血量，从而改善重要器官的血液供应。在安置好患者后，应密切关注其状况，直至医护人员到达。

2. 确保呼吸道畅通

必须保证休克患者的呼吸通畅，要预防舌根后坠或口腔分泌物造成的呼吸道堵塞。必要时，应进行人工呼吸急救。

3. 迅速脱离危险源

立即将休克患者移至安全区域，以防继续受伤。如果患者有出血情况，应立即采取止血措施。

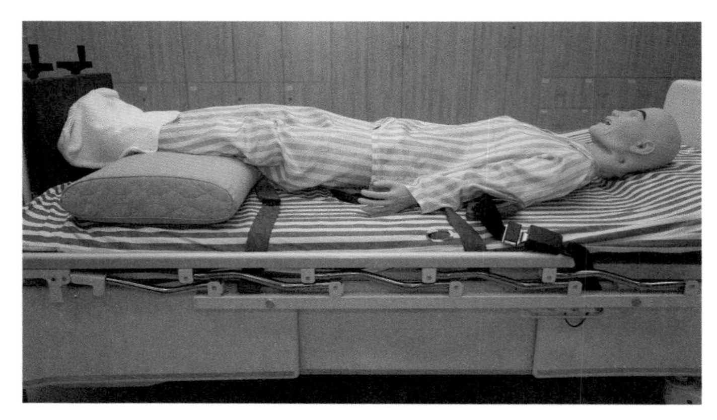

休克体位

4. 保暖

为休克患者加盖衣物或毯子，以维持体温，避免因体温过低而加重病情。

5. 外伤处理

对于因外伤导致休克的患者，应采取相应的急救措施，如迅速止血、固定包扎、镇痛等。

6. 心肺复苏与 AED 的使用

如果患者心搏骤停，应立即进行心肺复苏，并考虑使用 AED。

7. 及时送医

在采取上述急救措施的同时，应尽快将患者送往医院，以便接受专业治疗。

三、休克现场急救的注意事项

1. 清理现场

当出现休克代偿期（休克早期）的情况时，应立即清理现场，确保空气流通，避免围观人员造成拥堵，以保证患者能够吸入足够的氧气。同时，需要迅速清理出一条急救通道，为急救人员前来现场提供便利。

2. 患者处理

对于处于休克代偿期的患者，必须立刻采取相应的急救措施。例如，对于大出血的患者应紧急进行止血处理，对于窒息的患者则需及时清理呼吸道，以防止休克状况进一步恶化。如果患者处于极端温度环境中，无论是过高还是过低，都应注意调节患者体温，避免体温异常对患者的病情产生不利影响。

专家提示

面对休克患者，需要迅速判断休克的病因和类型，并立即采取相应的现场急救措施，从源头上着手以消除休克。这样可以有效地恢复病人的循环血量，同时必须尽快将病人送往医院以接受专业治疗。

第12节 常见突发自然灾害应急避险

学习目标

- 了解不同自然灾害的危害性。
- 掌握本地区常见自然灾害应急避险的要点。

一、滑坡应急避险

山体（或堆土、渣料堆场等）在重力作用下沿一定的软弱面（或软弱带）整体性向下滑动的现象叫滑坡。滑坡的形成主要与各种外界因素有关，包括自然因素如地震、降雨、冻融、海啸、风暴潮等，以及人为活动如不当的工程建设、采矿等。

1. 滑坡的危害性

滑坡往往造成一定范围内较大的人员伤亡和财产损失，此外还会严重威胁附近的道路交通。

拓展阅读

某渣土受纳场“12 · 20”特别重大滑坡事故

2013 年 12 月 20 日，某渣土受纳场发生特别重大滑坡事故，造成 73 人死亡，4 人下落不明，17 人受伤（重伤 3 人，轻伤 14 人），

33 栋建筑物（厂房 24 栋、宿舍楼 3 栋，私宅 6 栋）被损毁、掩埋，90 家企业生产受影响，涉及员工 4 630 人。事故造成直接经济损失 8.81 亿元。

2. 滑坡应急避险的要点

（1）滑坡前往往有征兆，在滑坡体中前部出现横向及纵向放射状裂缝；滑坡体前缘坡脚处土体因向前推挤而出现上隆（凸起）、土石块脱落等现象。

（2）发现可疑的滑坡征兆时，应立即上报并通知附近涉险区域人员撤离。

（3）当处在滑坡体上时，应保持冷静，迅速环顾四周，向较为安全的地段撤离，以向两侧跑为最佳方向；在向下滑动的山坡中，向上跑或向下跑均很危险；当处于无法逃离的高速滑坡（如滑坡呈整体滑动）时，可原地不动或抱住大树等物，争取不被滑坡体淹没。

（4）滑坡停止后，不应贸然返回滑坡现场，以免遭到再次滑坡的伤害。只有当滑坡体经过专业评估确认安全稳定后，方可返回滑坡现场。

二、泥石流应急避险

泥石流是指在山区沟谷深壑等地形险峻的地区，由暴雨、冰雪融化等水源所激发的、含有大量泥沙以及石块的特殊洪流。泥石流的形成必须同时具备陡峻的便于汇水和集物的地形、丰富的松散物质以及短时间内有大量水源三个条件。

1. 泥石流的危害性

泥石流往往暴发突然、来势凶猛，具有极强的破坏性，且经常伴随崩塌、滑坡和洪水等多重危害，对农田、公路、铁路、桥梁等基础设施以及民房、工矿企业等建筑物破坏极大。

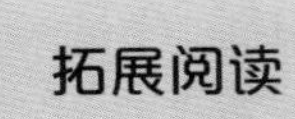

拓展阅读

“8·7”甘肃舟曲特大泥石流

2010年8月7日深夜，甘肃甘南舟曲县城东北部山区突降特大暴雨，持续40多分钟，引发三眼峪、罗家峪等沟系特大山洪地质灾害，泥石流长约5千米，平均宽度300米，平均厚度5米，总体积750万立方米，流经区域被夷为平地。

2. 泥石流应急避险的要点

（1）泥石流灾害高发区的居民在雨季应高度警惕泥石流的发生，密切关注气象部门通过电台、电视台、短信和网络等渠道发布的暴雨预警信息，及时获取有关部门发布的灾害消息。

（2）大雨或暴雨时，室内人员应留意室外异常声音，如树木被冲倒、石头碰撞的声音，以及深谷或沟内是否传来类似火车轰鸣或闷雷样的声音等。距离沟道较近的居民要注意观察沟水流动情况，例如沟水突然断流或突然变得十分混浊，并伴有轰鸣声或轻微震动感等异常现象。一旦出现上述任何一种情况，都意味着泥石流将要发生或已经发生，应立即撤离。

（3）发现泥石流袭来，要快速向沟岸两侧高处逃，千万不要顺着沟的方向往上游或下游跑。暴雨停止后，不要急于返回沟内的住地，应等待灾害完全停止。

（4）野外扎营时，要选择平整的高地作为营址，必须避开有滚石和大量堆积物的山坡下方或山谷、沟底。

三、雷电应急避险

雷电是伴有闪电和雷鸣的一种超强放电的自然现象。雷电一般产生于对流发展旺盛的积雨云中，常伴有强烈的阵风和暴雨，有时还伴有冰雹和龙卷风。科学认识雷电，做好应急避险措施，可减少或避免雷击灾害损失。

1. 雷电的危害性

雷电产生的电压为1亿～10亿伏特，电流为几万安培，同时还放出大量热能，瞬间温度可达10 000 ℃，其能量可摧毁高楼大厦，劈开大树，击伤击死人、畜。

2. 雷电应急避险的要点

（1）应尽量留在室内，避免外出。同时，要关闭门窗，防止球形闪电穿堂入室；拔掉电器用具插头，关闭电器和天然气开关；不要打电话或使用手机；不要靠近打开的门窗、炉子、暖气片、金属管道等金属部位；不要靠近潮湿的墙体。

（2）在野外，可躲避到洞穴、沟渠、峡谷或进入有防雷设施的建筑物、金属壳汽车、船只内；无法躲避时应将手表、眼镜等金属物品摘掉；不要在空旷场地打伞，不要在距离电源、大树和电线杆较近的地方避雨；尽量降低身体高度，减少遭受雷击危险；双脚要靠近，与地面的跨度越小越好，以减小跨步电压。

（3）不要从事栅栏、输电线、管道或建筑钢材等安装工作，不要在河里游泳或从事其他水上运动或活动，禁止处理开口容器盛载的易燃物品。

（4）当感觉到身体有电荷时，如头发竖起来或皮肤有显著颤动感时，要明白自己可能即将受到电击，应立即倒在地上，等雷电过后求援。一旦发现有人遭到雷击，应立即进行急救（方法同触电急救），并及时将伤员送往医院。

四、暴雨应急避险

暴雨是降水强度很大的雨，一般指大气中降落到地面的水量每日达到和超过50毫米的降雨。按其降水强度大小又分为三个等级，即24小时降水量为50～100（含）毫米称为暴雨；100～250（含）毫米称为大暴雨；250毫米以上称为特大暴雨。

1. 暴雨的危害性

暴雨诱发洪涝灾害，导致洪水冲击、深坑低洼积水、房屋设施倒塌，不仅扰乱工农业生产、破坏正常工作生活秩序，而且严重威胁人的生命、财产安全。

2. 暴雨应急避险的要点

（1）关注并懂得暴雨预警。蓝色预警，12小时内降雨50毫米；黄色预警，6

小时内降雨 50 毫米；橙色预警，3 小时内降雨 50 毫米；红色预警，3 小时内降雨 100 毫米。

（2）预警等级高时，地势低洼的居民住宅区居民要转移到安全地区，或因地制宜采取围挡措施，如砌围墙、门口放置挡水板、配置小型抽水泵等。

（3）一旦室外积水漫进屋内，应及时切断电源，防止触电。

（4）在积水中行走要注意观察，防止跌入窨井或坑、洞中。

（5）若在室外遇到雷雨大风，行人应立即就近躲到室内避雨，不要在高楼下停留，也不要在大型广告牌下躲雨或停留，以避免高空坠物伤害。

五、洪灾应急避险

洪灾是指由于暴雨或江、河、湖、库水位猛涨，堤坝漫溢或溃决，导致洪水泛滥而造成的灾害。洪灾具有明显的季节性、区域性和可重复性，发生频率高、危害范围广、对国民经济造成巨大损失，是威胁人类生存的严重自然灾害之一。

1. 洪灾的危害性

洪灾除危害农作物外，还会破坏村庄、房屋、建筑、水利工程设施、交通运输设施、电力设施等，造成人民生命、财产损失。

2. 洪灾应急避险的要点

（1）沉着冷静，尽快向上或较高地方快速转移。转移时按照“先人员后财产，先老幼病残人员，后其他人员”的原则，切不可心存侥幸或因救捞财物而贻误洪灾应急避险的时机。

（2）不要沿着行洪道方向跑，应迅速向两侧高地转移，切勿轻易涉水过河；如被洪水困在山中，应及时联系当地应急救援部门，或利用烟火、挥动颜色鲜艳的衣物等向外界发出紧急求救信号，或寻找体积较大的漂浮物进行自救。

（3）发现高压线铁塔倾斜或者电线断头下垂时，要迅速远离，防止触电。

（4）对于呛水或泥石流、房屋倒塌等导致的受伤人员，应立即清除其口、鼻、咽喉内的泥土及痰、血等，排除体内污水后，根据伤员状况实施现场急救，然后转送医院治疗。

六、地震应急避险

地震是指地球内部发生急剧变动（如断层突然滑动或火山活动）产生的，人的感官能感知或地震仪能观测到的频带内的一定范围内的震动现象。按其成因可分为构造地震、火山地震和陷落地震，其中大多数属于构造地震，其破坏性大，影响面广。

1. 地震的危害性

地震能引起建筑物和构筑物倒塌、火灾、水灾、有毒气体泄漏、细菌及放射性物质扩散，还可能导致海啸、滑坡、崩塌、地裂缝等多种灾害的发生，常常造成严重的人员伤亡。地震对人体的伤害主要由倒塌的建筑物、构筑物以及高空坠物等造成，目前人类尚不能阻止地震发生，但可以采取有效应急避险措施，最大限度地减轻地震所造成的伤害。

拓展阅读

“5 · 12”汶川特大地震

2008 年 5 月 12 日，四川省阿坝藏族羌族自治州汶川县发生里氏 8.0 级特大地震。“5 · 12”汶川特大地震严重破坏地区超过 10 万平方千米。截至 2008 年 9 月 25 日，共造成 69 227 人遇难、17 923 人失踪、374 643 人受伤，是中华人民共和国成立以来破坏性最强、波及范围最广、灾害损失最重、救灾难度最大的一次地震。

2. 地震应急避险的要点

（1）在室内时，应关闭水、电、气源；赶快跑到安全的地方，如书桌、工作台、床等坚固家具底下，以及内墙角处或开间小的卫生间、有支撑的地方等。

（2）身体尽量蜷曲缩小，卧倒或蹲下；用手或其他物件护住头部，一手捂口鼻，另一手抓住一个固定的物体；若没有任何可抓的固定物体或保护头部的物件时，头部应尽量贴近胸部，闭口，双手交叉放在脖后，保护头部和颈部。

（3）住平房的居民，地震时可头顶被子、枕头或安全帽逃至空旷地带；在室内避震时，要远离窗户，趴下时头部枕在横着的双臂上，闭上眼和嘴，待地震过后再沉着离开；正行走在高楼旁的人行道上时，要迅速躲到高楼的门口处，以防被掉下来的建筑物碎片砸伤。

（4）如果在山坡上感到地震发生，千万不要跟着滚石往山下跑，应躲在山坡上隆起的小山包后侧，同时要远离陡崖峭壁，防止崩塌、滑坡和泥石流的威胁。

（5）被砸伤或埋在倒塌物下面，若压埋较轻，应冷静地观察周围环境，寻找可自救脱险的通道，尽力自救；若受重伤或暂时不能脱险，要保存体力，等待救援；静听外面的动静，发现有人施救时，可用呼喊或敲击物体的方法引起注意，以便救援。

七、道路结冰应急避险

1. 道路结冰的危害性

道路结冰是指在地面温度低于 0 ℃时，道路上出现积雪或坚硬冰层的自然现象。道路结冰严重影响交通能力，易使车轮打滑发生交通事故、行人跌倒造成摔伤，是交通安全的主要事故隐患之一。

2. 道路结冰应急避险的要点

（1）关注道路结冰预警信号。黄色预警信号、橙色预警信号、红色预警信号分别警示 12 小时内、6 小时内、2 小时内可能出现对交通有影响的道路结冰。

（2）驾车时需要更加专心、用心，要时刻注意路况，严格控制车速、车距，不要猛踩刹车或急转弯，必要时采取防滑措施（如装防滑链）。

（3）步行时要小心路滑，应穿防滑鞋；避免骑自行车出行；要在人行道上或靠路边行走，尽量远离机动车道，避免在行驶中的机动车间穿行。

八、大风应急避险

根据有关规定，平均风速大于或等于 6 级（10.8 米 / 秒）时为大风。台风、冷空气影响和强对流天气发生时均可能出现大风。

1. 大风的危害性

大风时常会毁坏地面设施和建筑物，可能拔起大树、吹落果实、折断电线杆、掀翻车辆，还能引起沿海的风暴潮，影响航海、海上施工和捕捞等作业，以及助长火势等，危害极大。

拓展阅读

超强台风“苏迪罗”造成严重影响

2015 年 8 月 8 日，超强台风“苏迪罗”在福建省沿海登陆。之后，“苏迪罗”深入内陆，先后经过江西、安徽、江苏，于 8 月 11 日上午进入黄海。“苏迪罗”深入内陆影响范围广，带来的风雨强度特别大，其残余势力与冷空气结合导致暴雨强度再次增强。台风“苏迪罗”给浙江、福建、江苏、台湾等地造成严重影响，部分机场关闭、高铁动车停运、高速公路封闭，福州、温州等地内涝严重，部分地区供电、交通、通信中断；江苏有多条河流超警戒水位，南京、扬州、盐城等多个市县被淹。据民政部统计，截至 8 月 11 日 7 时，福建、浙江、江西、安徽等 4 省有 565.5 万人受灾，26 人死亡，7 人失踪；直接经济损失 138.4 亿元。

2. 大风应急避险的要点

（1）大风天气行走时，应尽可能远离工地并快速通过，同时远离高大建筑物、广告牌、电线杆以及大树，以免被砸伤、压伤或触电。

（2）及时加固门窗、围挡、棚架等易被风刮倒的搭建物，妥善安置易受大风损坏的室外物品。

（3）立即停止高空作业、水上等户外作业，立即停止露天集体活动，并疏散人员；若遇电线杆倒塌、房屋损毁等紧急情况时，应及时切断电源，以防电击人体或引起火灾。

（4）机动车应减速慢行，不要将车辆停放在高楼、大树下方，以免玻璃、树枝等吹落物造成车体损坏。

九、沙尘暴应急避险

沙尘暴是沙暴和尘暴的总称，是指强风把地面大量沙尘物质吹起并卷入空中，使空气特别混浊，水平能见度小于1千米的严重风沙天气现象。

1. 沙尘暴的危害性

沙尘暴的危害包括沙埋、风蚀、大风袭击和污染大气环境等，是一种强灾害性天气，可造成房屋倒塌、交通受阻、供电中断、火灾、人畜伤亡等严重后果，给国民经济建设和人民生命财产安全带来极大的危害和损失。

2. 沙尘暴应急避险的要点

（1）待在室内，门窗紧闭，不要外出。

（2）若在室外，要远离树木、高耸的建筑物和广告牌，蹲靠在能避风沙的矮墙处。

（3）在野外时，应尽量寻找低洼处或背风地带躲避，或者抓住牢固的物体，切勿盲目乱跑。

（4）外出时穿戴防尘的衣服、手套、面罩、眼镜等防护物品，回到房间后应及时清洗面部和身体暴露部分。

拓展阅读

经国务院批准，自2009年起，每年的5月12日为“全国防灾减灾日”。国家设立“全国防灾减灾日”的目的是唤起社会各界对防灾减灾工作的高度关注，有利于增强全社会的防灾减灾意识，有利于普及全民防灾减灾知识和避灾自救技能，有利于提高各级综合减灾能力，从而最大限度地减轻自然灾害造成的损失。

知识巩固

1. 在现场急救与应急避险中，时间就是生命，你是怎么理解的？

2. 如果在回家的路上，发现前方发生摩托车与货车碰撞事故，摩托车司机的右手肘有骨头外露、鲜血直流，此时应该怎么办？

3. 对于小腿有开放性骨折、鲜血直流的伤员，应该如何进行止血包扎和伤员搬运？

4. 校运动会上，有同学出现了踝关节扭伤，如果你在现场，可以为他做哪些事？

第五章

工伤认定与待遇申领

事故伤害无情，工伤保险有爱。依法参加工伤保险，受到职业伤害依法申请工伤认定，是广大职工的基本权益。工伤保险能够让工伤职工及时得到医疗救治和经济补偿，为重伤或死亡的工伤职工及其供养亲属提供长期的、稳定的基本生活保障，能够分散用人单位工伤风险，对维护社会稳定有重要作用。

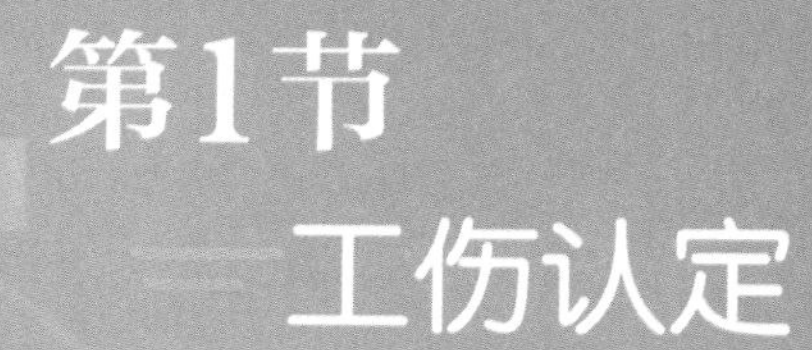

第1节 工伤认定

学习目标

- 掌握哪些情形应当认定为工伤，哪些情形视同工伤，哪些情形不得认定为工伤或视同工伤。
- 了解工伤认定申请的流程与所需材料。

一、工伤认定的情形

在我国，工伤认定是社会保险行政部门依据《工伤保险条例》对职工因事故伤害或者患职业病是否属于工伤或者视同工伤给予定性的行政确认行为。

1. 应当认定为工伤的情形

根据《工伤保险条例》第十四条规定，职工有下列情形之一的，应当认定为工伤。

（1）在工作时间和工作场所内，因工作原因受到事故伤害的。

（2）工作时间前后在工作场所内，从事与工作有关的预备性或者收尾性工作受到事故伤害的。

（3）在工作时间和工作场所内，因履行工作职责受到暴力等意外伤害的。

（4）患职业病的。

（5）因工外出期间，由于工作原因受到伤害或者发生事故下落不明的。

（6）在上下班途中，受到非本人主要责任的交通事故或者城市轨道交通、客运轮渡、火车事故伤害的。

（7）法律、行政法规规定应当认定为工伤的其他情形。

2. 视同工伤的情形

根据《工伤保险条例》第十五条规定，职工有下列情形之一的，视同工伤。

（1）在工作时间和工作岗位，突发疾病死亡或者在48小时之内经抢救无效死亡的。

（2）在抢险救灾等维护国家利益、公共利益活动中受到伤害的。

（3）职工原在军队服役，因战、因公负伤致残，已取得革命伤残军人证，到用人单位后旧伤复发的。

3. 不得认定为工伤或者视同工伤的情形

根据《工伤保险条例》第十六条规定，职工符合《工伤保险条例》第十四条、第十五条的规定，但是有下列情形之一的，不得认定为工伤或者视同工伤。

（1）故意犯罪的。

（2）醉酒或者吸毒的。

（3）自残或者自杀的。

二、工伤认定的流程

1. 提出申请

用人单位应当自职工事故伤害发生之日或者被诊断、鉴定为职业病之日起30日内，向统筹地区社会保险行政部门提出工伤认定申请。用人单位未在规定的时限内提出工伤认定申请的，受伤害职工或者其近亲属、工会组织在事故伤害发生之日或者被诊断、鉴定为职业病之日起1年内，可以直接向用人单位所在地统筹地区社会保险行政部门提出工伤认定申请。

2. 受理申请

社会保险行政部门收到工伤认定申请后，应当在15日内对申请人提交的材料进行审核，材料完整的，作出受理或者不予受理的决定；材料不完整的，应当以书面形式一次性告知申请人需要补正的全部材料。社会保险行政部门收到申请人提交的全部补正材料后，应当在15日内作出受理或者不予受理的决定。社会保险行政部门决定受理的，应当出具工伤认定申请受理决定书；决定不予受理的，应当出具工伤认定申请不予受理决定书。

3. 调查核实

社会保险行政部门受理工伤认定申请后，可以根据需要对申请人提供的证据进行调查核实。社会保险行政部门进行调查核实，应当由两名以上工作人员共同进行，并出示执行公务的证件，有关单位和个人应当予以协助。

4. 作出决定

社会保险行政部门应当自受理工伤认定申请之日起 60 日内作出工伤认定决定，出具认定工伤决定书或者不予认定工伤决定书。其中，社会保险行政部门对于事实清楚、权利义务明确的工伤认定申请，应当自受理工伤认定申请之日起 15 日内作出工伤认定决定。

5. 送达决定

社会保险行政部门应当自工伤认定决定作出之日起 20 日内，将认定工伤决定书或者不予认定工伤决定书送达受伤害职工（或者其近亲属）和用人单位，并抄送社会保险经办机构。

三、申请工伤认定应当提交的材料

提出工伤认定申请，应当提交下列材料。

（1）工伤认定申请表。

（2）劳动、聘用合同文本复印件或者与用人单位存在劳动关系（包括事实劳动关系）、人事关系的其他证明材料。

（3）医疗机构出具的受伤后诊断证明书或者职业病诊断证明书（或者职业病诊断鉴定书）。

职工或者其近亲属、用人单位对不予受理决定不服或者对工伤认定决定不服的，可以依法申请行政复议或提起行政诉讼。

案例分析

上夜班打瞌睡遇安全事故，能否认定为工伤？

李某是某纸业公司造纸车间的一名造纸工，于2022年10月20日0时至8时上夜班。凌晨5时45分左右，纸辊架上原有的半成品纸辊突然坍塌，砸向了正坐在车间门边休息打瞌睡的李某。李某躲闪不及，事故造成其右脚踝骨骨折。事后，李某向社会保险行政部门提出工伤认定申请。当地社会保险行政部门作出认定李某为工伤的决定。公司不服，向法院提起行政诉讼。

点评：本案的争议焦点是公司认为李某虽是在工作时间和工作场所内发生事故致受伤，但事发时，李某在打瞌睡，没有直接从事工作且违反劳动纪律，非因工作原因受伤，因此不符合认定为工伤的条件。

当地社会保险行政部门经核查认为，李某是在夜班工作期间从事生产经营活动过程中受伤，虽因生理原因打瞌睡违反劳动纪律，但这并不是排除其因工作原因受伤的法律依据。公司存在着生产上的安全隐患，工作场所中纸辊坍塌是导致李某受伤的直接原因。因此，李某符合《工伤保险条例》第十四条第（一）项规定的可以认定工伤的条件，即职工在工作时间和工作场所内，因工作原因受到事故伤害的，应认定为工伤。

综上所述，法院判定社会保险行政部门认定事实清楚，适用法律正确，支持了社会保险行政部门认定李某为工伤的决定。

职工在工作时间因私人原因受到暴力伤害，能否认定为工伤？

张某系某保险公司分公司职工。2023年11月23日，张某到另一分公司找朋友谈工作时，与该分公司职工冯某发生争执。两人在推搡过程中，张某左眼被冯某打伤。报警后，两人被带到派出所处理纠纷。在派出所的询问笔录中载明："双方因个人原因发生争执。"事后，张某向当地社会保险行政部门提出工伤认定申请。当地社会保险行政部门作出不予认定张某为工伤的决定。张某不服，向法院提起行政诉讼。

点评：本案的争议焦点是张某是不是在工作时间和工作场所内，因履行工作职责受到暴力伤害。

当地社会保险行政部门经核查认为，根据警方对张某和冯某的询问笔录、证人证言、案件和解协议书等相关证据，可以证明张某虽然是在工作时间与冯某发生冲突并受到暴力伤害，但该伤害与其履行的工作职责无直接因果关系，故不符合《工伤保险条例》第十四条第（三）项规定的可以认定工伤的条件，即职工在工作时间和工作场所内，因履行工作职责受到暴力等意外伤害的。故不予认定张某为工伤。

综上所述，法院判定社会保险行政部门认定事实清楚，适用法律正确，支持了社会保险行政部门不予认定张某为工伤的决定。

拓展阅读

《工伤保险条例》于2003年4月27日中华人民共和国国务院令第375号公布，自2004年1月1日起施行，根据2010年12月20日《国务院关于修改〈工伤保险条例〉的决定》修订，中华人民共和国国务院令第586号公布。其立法宗旨是为了保障因工作遭受事故伤害或者患职业病的职工获得医疗救治和经济补偿，促进工伤预防和职业康复，分散用人单位的工伤风险。

专家提示

《中华人民共和国社会保险法》规定，职工应当参加工伤保险，由用人单位缴纳工伤保险费，职工不缴纳工伤保险费。

《工伤保险条例》规定，用人单位应当将参加工伤保险的有关情况在本单位内公示。用人单位和职工应当遵守有关安全生产和职业病防治的法律法规，执行安全卫生规程和标准，预防发生工伤事故，避免和减少职业病危害。职工发生工伤时，用人单位应当采取措施使工伤职工得到及时救治。

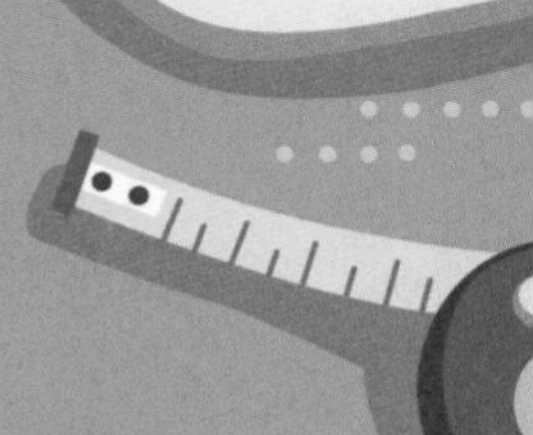

第2节 工伤保险待遇

学习目标

- 熟悉工伤保险待遇的申领条件与所需材料。
- 熟悉劳动能力鉴定的申请流程。
- 了解工伤保险待遇项目和标准。

一、工伤保险待遇的申领

1. 工伤保险待遇的申领条件

（1）已经过工伤认定与劳动能力鉴定。

（2）用人单位按照规定缴纳工伤保险费用。

（3）应当依法参加工伤保险而未参加的用人单位职工发生工伤的，由该用人单位依照《工伤保险条例》规定的工伤保险待遇项目和标准支付费用。

2. 工伤保险待遇申领所需材料

（1）工伤职工治疗工伤的医疗费用、康复费用、安装配置辅助器具费用，协议机构与经办机构已实现直接联网结算的，由经办机构根据规定进行网上审核。

（2）未实现直接联网结算需申请手工报销的，用人单位或个人应向社会保险经办机构提供医疗机构、辅助器具配置机构的收费票据、费用清单、诊断证明、病历资料等。

（3）经劳动能力鉴定达到伤残等级的，工伤职工及其近亲属或用人单位应持当地社会保险行政部门要求提供的申请材料，及时向社会保险经办机构申领相关伤残待遇。

二、劳动能力鉴定

劳动能力鉴定环节介于工伤认定与工伤待遇领取环节之间，是指劳动功能障碍程度和生活自理障碍程度的等级鉴定。其中，劳动功能障碍分为 10 个伤残等级，最重的为一级，最轻的为十级。生活自理障碍分为 3 个等级：生活完成不能自理、生活大部分不能自理和生活部分不能自理。职工在发生工伤、经治疗伤情相对稳定后仍然存在残疾、影响劳动能力的，应当进行劳动能力鉴定。劳动能力鉴定分为初次鉴定、再次鉴定和复查鉴定。其中，初次鉴定和复查鉴定由设区的市级劳动能力鉴定委员会负责，而再次鉴定由省、自治区、直辖市劳动能力鉴定委员会负责。劳动能力鉴定通常遵循以下工作程序。

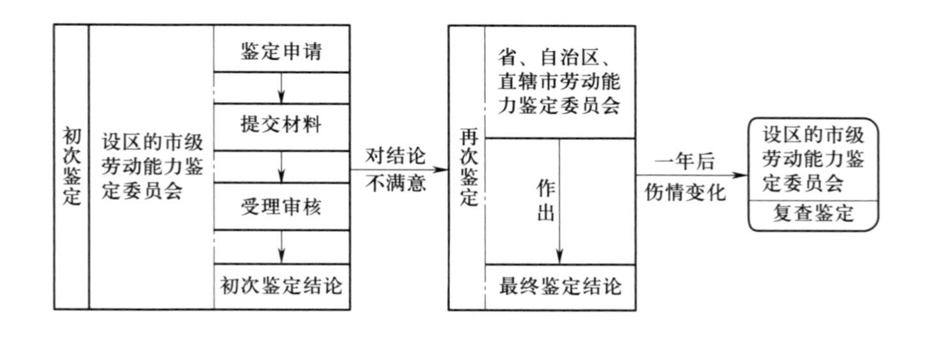

1. 鉴定申请

劳动能力鉴定申请应该由用人单位、工伤职工或其近亲属向设区的市级劳动能力鉴定委员会提出，申请时需填写劳动能力鉴定申请表，并提供工伤认定决定和职工工伤医疗的有关资料。

2. 受理审核

劳动能力鉴定委员会需要对申请人提交的材料进行审核。对于材料不完整的，申请人应在接到需要补正的全部材料的书面告知后及时补正。

3. 鉴定过程

在进行现场劳动能力鉴定时，申请人应携带相关材料，按照劳动能力鉴定委员会通知的时间、地点参加现场鉴定。一些行动不便的职工，可以向劳动能力鉴定委员会申请专家上门鉴定。《工伤职工劳动能力鉴定管理办法》规定，工伤职工有下列情形之一的，当次鉴定终止。

（1）无正当理由不参加现场鉴定的。

（2）拒不参加劳动能力鉴定委员会安排的检查和诊断的。

4. 鉴定结论

初次申请劳动能力鉴定时，鉴定结论由设区的市级劳动能力鉴定委员会收到劳动能力鉴定申请之日起 60 天内作出，必要时可以延长 30 天。劳动能力鉴定委员会应及时出具鉴定结论书，并送达申请鉴定的单位和个人。

5. 再次鉴定

申请鉴定的个人或者用人单位认为设区的市级劳动能力鉴定委员会作出的鉴定结论不合理的，可以在收到该鉴定结论之日起 15 日内向省、自治区、直辖市劳动能力鉴定委员会提出再次鉴定申请，由其作出最终结论。

6. 复查鉴定

工伤职工或者其近亲属、所在单位或者经办机构在劳动能力鉴定结论作出之日起一年后，如果认为伤残情况已经发生变化，可以按照初次鉴定规定程序进行劳动能力复查鉴定。

三、工伤保险待遇项目和标准

1. 工伤医疗康复待遇

工伤职工应当享受工伤医疗康复待遇，待遇项目和标准见表 5–1。

表 5–1　　工伤医疗康复待遇

项目	计发基数及标准	支付方式
治疗费	在签订服务协议的医疗机构就医，符合规定范围的治疗费	由工伤保险基金支付
康复费	在签订服务协议的医疗机构就医，符合规定范围的康复费	
辅助器具费	经劳动能力鉴定委员会确认，符合支付标准的辅助器具配置费用	
住院伙食补助费	住院治疗工伤的伙食费用，按当地标准支付	
统筹地区以外就医所需交通、食宿费	经医疗机构出具证明，报经办机构同意，按当地标准支付	
停工留薪期待遇	停工留薪期间，原工资福利待遇不变	由用人单位支付
生活护理待遇	生活不能自理的，可在停工留薪期间接受护理	

2. 工伤伤残待遇

工伤医疗终结后，已经评定伤残的工伤伤残待遇见表 5–2。

表 5–2　　工伤伤残待遇

类别	项目	计发基数	计发标准		支付方式
一次性发放待遇	一次性伤残补助金	本人工资	一级	27 个月	由工伤保险基金支付
			二级	25 个月	
			三级	23 个月	
			四级	21 个月	
			五级	18 个月	
			六级	16 个月	

续表

<table>
<tr><th>类别</th><th>项目</th><th>计发基数</th><th colspan="2">计发标准</th><th>支付方式</th></tr>
<tr><td rowspan="6">一次性发放待遇</td><td rowspan="4">一次性伤残补助金</td><td rowspan="4">本人工资</td><td>七级</td><td>13 个月</td><td rowspan="4">由工伤保险基金支付</td></tr>
<tr><td>八级</td><td>11 个月</td></tr>
<tr><td>九级</td><td>9 个月</td></tr>
<tr><td>十级</td><td>7 个月</td></tr>
<tr><td>一次性工伤医疗补助金</td><td>按各地具体标准执行</td><td>五级至十级</td><td>按各地具体标准执行</td><td>解除或终止劳动关系时由工伤保险基金支付</td></tr>
<tr><td>一次性伤残就业补助金</td><td>按各地具体标准执行</td><td>五级至十级</td><td>按各地具体标准执行</td><td>解除或终止劳动关系时由用人单位支付</td></tr>
<tr><td rowspan="9">定期发放待遇</td><td rowspan="6">伤残津贴</td><td rowspan="6">本人工资</td><td>一级</td><td>90%</td><td rowspan="4">由工伤保险基金按月支付</td></tr>
<tr><td>二级</td><td>85%</td></tr>
<tr><td>三级</td><td>80%</td></tr>
<tr><td>四级</td><td>75%</td></tr>
<tr><td>五级</td><td>70%</td><td rowspan="2">保留劳动关系，难以安排工作的，由用人单位按月支付</td></tr>
<tr><td>六级</td><td>60%</td></tr>
<tr><td rowspan="3">生活护理费</td><td rowspan="3">统筹地区上年度职工月平均工资</td><td>完全不能自理</td><td>50%</td><td rowspan="3">由工伤保险基金支付</td></tr>
<tr><td>大部分不能自理</td><td>40%</td></tr>
<tr><td>部分不能自理</td><td>30%</td></tr>
</table>

3. 因工死亡待遇

职工因工死亡，其近亲属按规定从工伤保险基金中领取丧葬补助金、供养亲属抚恤金和一次性工亡补助金，具体标准见表 5–3。

表 5-3 因工死亡待遇

<table>
<tr><th>项目</th><th>计发基数</th><th colspan="2">计发标准</th><th>支付方式</th></tr>
<tr><td>丧葬补助金</td><td>统筹地区上年度职工月平均工资</td><td colspan="2">6 个月</td><td rowspan="2">由工伤保险基金支付</td></tr>
<tr><td>一次性工亡补助金</td><td>上一年度全国城镇居民人均可支配收入</td><td colspan="2">20 倍</td></tr>
<tr><td rowspan="3">供养亲属抚恤金</td><td rowspan="3">本人工资</td><td>配偶</td><td>40%</td><td rowspan="3">由工伤保险基金按月支付，符合工亡职工供养范围条件的亲属可领取</td></tr>
<tr><td>其他亲属每人</td><td>30%</td></tr>
<tr><td colspan="2">孤寡老人或者孤儿每人每月在上述标准的基础上增加 10%。核定的各供养亲属的抚恤金之和不应高于因工死亡职工生前的工资</td></tr>
</table>

4. 特殊情形工伤保险待遇规定

（1）被派遣出境工作的工伤保险待遇处理。职工被派遣出境工作，依据前往国家或者地区的法律应当参加当地工伤保险的，参加当地工伤保险，其境内工伤保险关系中止；不能参加当地工伤保险的，其境内工伤保险关系不中止。

（2）分立、合并、转让及承包经营的用人单位的工伤保险待遇处理。用人单位分立、合并、转让的，承继单位应当承担原用人单位的工伤保险责任；原用人单位已经参加工伤保险的，承继单位应当到当地经办机构办理工伤保险变更登记。用人单位实行承包经营的，工伤保险责任由劳动关系所在单位承担。

（3）被借调期间发生工伤事故的工伤保险待遇处理。职工被借调期间受到工伤事故伤害的，由原用人单位承担工伤保险责任，但原用人单位与借调单位可以约定补偿办法。

（4）企业破产时工伤保险待遇处理。企业破产的，在破产清算时要依法拨付应当由单位支付的工伤保险待遇费用。

（5）职工再次发生工伤的工伤保险待遇。职工再次发生工伤，根据规定应当享受伤残津贴的，按照认定的伤残等级享受伤残津贴待遇。

（6）停止享受工伤保险待遇的情形。工伤职工停止享受工伤保险待遇的情形有：丧失享受待遇条件的；拒不接受劳动能力鉴定的；拒绝治疗的。

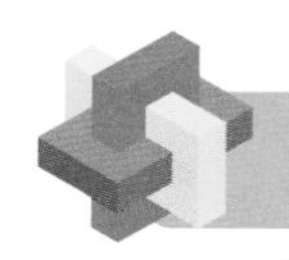

专家提示

如果用人单位不为职工申请工伤认定，用人单位应当承担相关责任。

《工伤保险条例》第十七条规定：职工发生事故伤害或者按照职业病防治法规定被诊断、鉴定为职业病，所在单位应当自事故伤害发生之日或者被诊断、鉴定为职业病之日起30日内，向统筹地区社会保险行政部门提出工伤认定申请。用人单位未在规定的时限内提交工伤认定申请，在此期间发生符合本条例规定的工伤待遇等有关费用由该用人单位负担。

知识巩固

1. 如果在上班时间，在搬运桶装水上楼梯时脚踝严重扭伤，能否申请工伤认定？

2. 某建筑工地一名工人在工作中受伤了，被认定为工伤，经劳动能力鉴定，该职工伤残等级为九级。根据你所学知识，该工人依法可以享受哪些工伤保险待遇？